U0102410

吴良镛·主编

皇城与宫城

明清帝京的营造

单士元·著

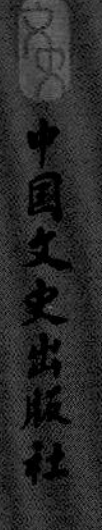

出版说明

中华民族历史悠久，文化源远流长，各个领域都熠熠闪光，文史著述灿若星辰。遗憾的是，“五四”以降，中华传统文化被弃之如敝屣，西风一度压倒东风。“求木之长者，必固其根本；欲流之远者，必浚其泉源。”中华优秀传统文化是中华民族的精神命脉，也是我们在激荡的世界文化中站稳脚跟的坚实根基。因此，国人需要文化自觉的意识与文化自尊的态度，更需要文化精神的自强与文化自信的彰显。有鉴于此，我社以第五编辑室为班底，在社领导的统筹安排下，在兄弟编辑室的通力合作下，在文化大家与学术巨擘的倾力襄助下，耗时十三个月，在浩如烟海的近代经典文史著述中，将这些文史大家的代表作、经典等遴选结集出版，取名《文史存典系列丛书》（拟10卷），每卷成立编委会，特邀该领域具有标志性、旗帜性的学术文化名家为主编。

“横空盘硬语，妥帖力排奡。”经典不是抽象的符号，而是一篇一篇具体的文章，有筋骨、有道德、有温度，更有学术传承的崇高价值。此次推出第一辑五卷，包括文物卷、考古卷、文化卷、建筑卷、史学卷。文物卷特请谢辰生先生为主编，透过王国维、傅增湘、朱家溍等诸位先生的笔端，撷取时光中的吉光片羽，欣赏人类宝贵的历史文化遗产；考古卷特请刘庆柱先生为主编，选取梁思永、董作宾、曾昭燏先生等诸位考古学家的作品，将历史与当下凝在笔端，化作一条纽带，让我们可以触摸时空的温度；文化卷特请冯骥才先生为主编，胡适、陈梦家、林语堂等诸位先生的笔锋所指之处，让内心深处发出自我叩问，于夜阑人静处回响；建筑卷特请吴良镛先生为主编，选取梁思成、林徽因、刘敦桢等诸位哲匠的作品，遍览亭台、楼榭、古城墙，感叹传统建筑工艺的“尺蠖规矩”；史学卷特请李学勤先生为主编，跟随梁启超、陈寅恪、傅斯年等诸位史学大家的笔尖游走在历史的长河中，来一番对悠悠岁月的探源。

需要说明的是，限于我们编辑的学识，加之时间紧促等缘故，遴选的文章未必尽如人意，编选体例未必尽符规律，编校质量未必毫无差错，但是谨慎、认真、细致与用心是我们编辑恪守的宗旨，故此敬请方家不吝指谬。

中国文史出版社

2018年4月16日

目录

一　故宫的建设

故宫史话

殿阁巍峨 帝后盘踞

在我国首都北京城区的中心，密密层层地结集着一群非常壮丽的古代建筑，看去是金碧辉煌，殿阁沉沉，这就是有名的故宫，是我国历史上明清时代封建皇帝的宫殿。这个区域，在当时称为紫禁城，又名大内。当时这里警卫森严，即使是贵到极品的将相大臣，没有皇帝的特许也不能进去；一般老百姓是连走近城下望望宫墙殿角也是犯禁的。

一九一一年辛亥革命以后，成立共和政体的中华民国，清朝皇帝退位，却还盘踞着这座宫殿。只有外朝前面的三个大殿开始开放，设立古物陈列所，陈列着由热河行宫里移来的一些珍贵古物，公开展览。到了一九二四年，那个退位的皇帝才带着家属全部退出内廷宫殿，一九二五年成立故宫博物院。不久，古物陈列所和故宫博物院两部合并，统称故宫博物院，从此故宫才全部统一开放了。但起初门票定价昂贵，也不是一般群众都能买票进门的。

故宫是一座古城，占地大约七十二万多平方米，围成一个方形。朝南正门是午门，门上有高楼，非常壮丽，这就是五凤楼。午门之外是旧皇城，皇城的向南正门就是天安门。故宫的北门叫神武门，向北正对着巍峨秀丽的景山。故宫的东门是东华门，西门是西华门。进得午门，一直向北走，先到三大殿——太和殿、中和殿、保和殿；次经乾清宫、交泰殿、坤宁宫；直通御花园，园的正中有钦安殿；再往北就到神武门。这一条从午门到神武门贯通南北的直线上，前后并立着许多宫殿，正是故宫的骨干建筑，构成了全部宫殿的中轴。这个中轴恰恰又安坐在北京全城的中轴线上。在这中轴的两边，三大殿左右有文华殿、武英殿；乾清宫、交泰殿、坤宁宫的左右更是重重殿宇，层层楼阁，万户千门，目迷五色。这样的建筑结构，这样的宫殿布局，真个是宏伟壮丽，气象万千。

这座宫殿是明朝初年造成的。当初朱元璋建立明朝，定都金陵（南京），就是明太祖。朱元璋封儿子朱棣为燕王，镇守北平府。明太祖死了，皇孙朱允炆即位，称为建文帝。后来燕王赶走了侄儿建文帝，夺得了帝位，这就是明成祖。他在即位的第一年，即永乐元年，就把北平府改称北京，随后又在北京建筑了一座新皇宫，规模十分宏伟。永乐十八年就正式迁都到北京来了，以后历代皇帝继续增修改建，自然更是雄壮华丽了。这座宫殿，一直保存到今天，就是我们人人可以去游览的故宫。

公元一四〇七年（明成祖永乐五年），明朝皇帝集中了全国著名的工匠，并且征调了二三十万农民和一部分卫军做壮工，在北京大兴土木，开始建造皇宫，到一四二〇年（永乐十八年）才完成。以后历朝还继续修建，这些工匠和壮工流血汗，绞脑汁，辛勤劳动，修成了这座规模宏伟的宫殿，却没有能够在明清两代的史册上留下他们的名字。

这些前前后后为修建这座皇宫出力的工人，在某些文献上也还可以零星地查到几位，如明朝：

杨青，瓦工，永乐朝在京师营造宫殿；

蒯福，木工，永乐朝营建北京宫殿；

蒯祥，木工，永乐正统两朝营建北京宫殿；

蔡信，工艺，永乐朝营造北京宫殿；

蒯义，木工，永乐朝营造宫殿；

蒯纲，木工，永乐朝营造宫殿：

陆祥，石工，宣德朝营建宫殿；

徐杲，木工，嘉靖朝营建三殿；

郭文英，木工；

赵德秀，木工；

冯巧，木工；

清朝的梁九，木工。

但是除了这寥寥几个人之外，其余都无姓名可考了。

修建这座宫殿的木料，都是由四川、贵州、广西、湖南、云南等省的大山上采伐来的。当时运输条件很差，据说大树砍倒以后，要等待雨季利用山洪从山上冲下来，然后由江河水路运到北京。一根作栋梁用的大材，不知要流尽多少人的血汗才能运到工地。还有石料，更是笨重，大都是从北京附近的房山、盘山等山上开采来的，运输就更困难了。工人和农民们，冬季严寒时节，在通往北京的道路上泼上水，铺成一条冰道；夏季酷热时节，在路面上铺上滚木，造成一条轮道：这样来运石料。运一块大石头，往往要用好几百个人。据说当日为了供应运料冰道用水，就在沿路大道边上每隔一里左右凿一口井。由此可见，我国古代劳动人民为了修筑这座宫殿，付出了多么巨大的劳动。可是宫殿盖成以后，却成了封建王朝统治和压迫劳动人民的政治中心，封建皇帝恣意享乐的地方，劳动人民就不能向它走近一步了。

故宫里最大的建筑是三大殿：太和殿，中和殿，保和殿。这三个大殿结成一组，基石都用汉白玉石砌成，高达七米。那太和殿高达二十八米，宽十一间，进深五间，是一座五十五间房子组成的大殿堂。殿内正中有一个大约二米高的地平台，上面设着金漆雕龙宝座，两旁有蟠龙金柱，座顶正中的金龙藻井[①]倒垂着圆球轩辕镜，金碧辉煌，庄严富丽。这座殿堂就是过去封建皇帝坐朝的金銮殿。每年在元旦节、冬至节、万寿节[②]要在这里举行庆祝典礼。遇到其他的大庆典或大事件，像新皇帝“登极”、颁发诏书、公布进士黄榜[③]以及派大将出征等，也要在这里举行隆重的仪式。在举行这些大典时，太和殿门前，从露台上起，陈设着仪仗旗帜，连续不断，南出午门，一直排到天安门。大殿廊下摆着乐器，一边是金钟，一边是玉磬，还有笙、箫、琴、笛，总称为中和韶乐。在封建皇帝登上宝座时，金钟响，玉磬鸣，琤琤琮琮，铿铿锵锵，十分和谐地奏起乐来。殿前陈设的炉、鼎、仙鹤，都吐出袅袅香烟，缭绕宫廷。露台上下跪满了文武大臣。在这种排场之下，皇帝真像是个什么“真龙天子”，威势逼人。

第二座殿叫中和殿，是一座亭子形方殿。殿内也摆着宝座。每当封建皇帝有事去太和殿举行大典礼以前，先在这个殿堂里小坐准备一下；有时还在这里举行受贺仪式的演习。

---

① 宫殿内天花板的中部向上凹入成井形，饰以木雕装饰，叫藻井。

② 皇帝的生日叫万寿节。

③ 科举例须逐级考试，最高一级是在宫殿上考试，叫殿试。殿试进士，用黄纸发布名榜，叫进士黄榜。

第三座殿叫保和殿，在清代，这里是年终举行大宴会的地方。参加宴会的主要是各少数民族中的王公贵族和在北京的文武大臣。这是封建统治集团年终的“庆功宴”。清雍正朝以后，进士考试又由太和殿改在这里举行。

进士考试要在金銮殿上举行，叫做殿试。殿试要作“对策”，写文章对答皇帝所提出的问题，大体不外乎是如何巩固统治的办法。答得符合统治君主的心意，并且书法、文章都很好的，选出前三名列为一甲，就是状元、榜眼、探花，称为赐进士及第。其次还有二甲若干名，称为赐进士出身；三甲若干名，称为赐同进士出身。殿试录取的，就是进士了，可以逐步升官享荣华了。皇帝就是用这样的手段收买笼络读书人的。太和殿，保和殿，曾先后做过殿试的试场。

在三大殿之后，走过一片小广场，正北有座华丽的宫门，叫乾清门。门前金缸、金狮相对排列。清代皇帝有时在此举行听政仪式。门中设宝座，皇帝坐着听各衙门主管大臣依次奏事，叫做“御门听政”，这是表示皇帝亲政的一种仪式。宫门里面是内廷宫殿，皇帝和他的家属就住在这里。乾清宫是皇帝的寝宫。坤宁宫是皇后的寝宫。这两宫之间夹着一个小方殿，名叫交泰殿。这三座宫殿总称为后三宫。三宫东西两厢还有存贮皇帝冠袍带履的端凝殿，放图书翰墨的懋勤殿；有皇子读书的上书房；有翰林[①]承值[②]的南书房。东西两侧分开着日精门、月华门、龙光门、凤彩门、基化门、端则门、景和门、隆福门，通向东六宫和西六宫。东、西六宫是众妃嫔居住的地方。在东西六宫之后，各有五组同式的宫殿，那是皇子们居住的地方。这些就是向来所说皇宫里的“三宫六院”。

① 明清时代，选进士中长于文学、书法的担任翰林院的官职，伴侍皇帝分任讲读、编撰、备谘询等事。这些选入翰林院的官，一般都称为翰林。

② 承值，值班奉侍皇帝。

御花园里有许多苍松翠柏，奇花怪石，楼阁亭台，池馆水榭，景色缤纷，这里不能细说。

东南部还有宁寿宫的一个特殊区域，那是十八世纪七十年代建造起来的。这部分宫殿的建造却有一段有趣的历史。当公元一七七二年，也就是清朝乾隆三十七年，乾隆皇帝打算在自己做满六十年皇帝以后，就让位给儿子，自己做太上皇帝，所以在他让位之前二十多年，就开始经营太上皇帝的宫殿——宁寿宫，并且还建造了一座花园。在当时，按照他的年龄计算，要到乾隆六十年，他就是八十五岁的老人了。能不能活到那样高的年纪，当然是没有把握，所以一再“焚香告天”，祈祷上天保佑他长寿。因而在各个建筑物的题名上，都充满了希冀长寿的意思，如乐寿堂、颐和轩、遂初堂、符望阁等。到一七九五年，他老而不死，果然达到了这个愿望。表面上他将宝座让给他儿子嘉庆皇帝，但他在“归政仍训政”的名义下，实际还掌握着政权。他让位后，又活了三年才死去。

西南部有慈宁宫、寿安宫、寿康宫等宫殿，都是老太后、老太妃等一群老寡妇住的地方，因而这一区域里佛殿经堂特别讲究，让她们在这里晚年称心享乐，妄想再修“来世”幸福。也还有前朝留下来的青年妃嫔住在这里，倒不是什么享受了，实际上是用这样的囚笼禁锢她们的终身。

环绕皇宫有宫城，即紫禁城。保卫着紫禁城的是皇城。皇城外面才是都城的城墙。在各座殿堂周围还有高大约四米厚大约二米的小宫墙，除了重重高墙卫护之外，还有大批的卫军在千门万户中重重把守。历代的皇帝都是带领着一群后妃、皇子、公主、宫人居住在深宫之中，过着穷奢极侈的生活。

专横凶虐　穷奢极侈

在民间长期流传着的鼓儿词里，提起皇家内廷宫殿时，总要说到三宫六院七十二妃嫔。一般人又常常说皇宫里是“粉黛三千”。这都是说皇帝妻妾众多，尽情享乐。这些话是有来历的。我国古书《周礼》的注疏中记载周朝的制度是“天子后立六宫三夫人九嫔二十七世妇八十一御妻”。这是较早的文献材料。再翻开二十四史来看看，历朝都是一脉相承制定六宫额数。汉代、唐代的内廷，在后妃以下还都设有宫官女职，一般都是数百人。《后汉书》里曾记陈蕃上书给皇帝，批评皇帝在千千万万老百姓吃不饱、穿不暖的时候，皇宫里却采选了几千宫女，吃肉穿绸，擦油抹粉，朱红点唇，黛黑画眉，算不清的耗费。明代内廷除后妃外，女官有六局，每局下有四司，总数也过百人。永乐朝以后，各局职掌的事务虽然很多划归宦官去办，但是嫔御、宫人还是连年不断地采选进宫。封建皇帝一般都是荒淫无度的，如明朝嘉靖皇帝时，一次同时选进宫中有名号的妃嫔就有九人。因为是有名号的，所以写在史书里，今天还有数可查，其他更多无名号的自然不见记录，那就不知其数了。《明史》后妃传中所记的宫人名号有宫人、选侍、才人、淑女等等。到了明朝末年，宫廷里“宫女多至九千人，内监至十万人”[①]。清代后宫有皇后、皇贵妃、贵妃、嫔、贵人、常在、答应等各种等级的后妃嫔妾，此外还要选秀女、宫女，人数也是上百上千的。

这些被选进皇宫的女子是怎样的命运呢？在明朝的九千宫女、十万内监经常是“饮食不能遍及，日有饿死者”[②]，至于那些称妃称嫔的人，一旦失宠，结局就是被关闭在宫内禁室里，终生不得出来，甚至还惨遭

---

① 清朝康熙谕旨中指摘明宫中旧事的话。

② 清朝康熙谕旨中指摘明宫中旧事的话。

弄权的宦官谋害。明光宗的选侍赵氏，惹恼了宦官魏忠贤，魏忠贤假传圣旨，逼死赵氏。当时逼得赵氏将光宗赐给的首饰金珠之类，全拿出来放在桌上，然后上吊自杀。在清朝，乾隆皇帝的皇后被黜废，同治的皇后吞金而死，光绪的珍妃被推入井中淹死。至于宫女被笞打[①]而死的事，那就更不希罕了。提起明清宫女的故事，不由得联想到唐代大诗人白居易揭露宫女悲惨处境的诗句："三千宫女胭脂面，几个春来无泪痕"。宫女们天天在含泪暗泣，却还得强作笑脸，奉承君王的欢乐，真是无限凄惨。十八世纪著名文学作品《红楼梦》曾描述了清朝选秀女的事，那是反映了当时宫廷的真实情状的。《红楼梦》第一回中，冷子兴说贾府历史，有一段是"政老爹的长女名元春，现因贤孝才德，选入宫中作女史去了。"第十六回有"贾元春才选凤藻宫"，"晋封贤德妃"，是由秀女上升得到有名号了。宫门一入深似海，这是秀女的结局。这部小说里说明了虽然清朝曾规定有名号的妃嫔一年可以会见一次年老的父母，可是这种待遇还须等待皇帝正式发给准许"会亲"的诏令才行。其实这"会亲"也还是一幕悲剧。《红楼梦》第十八回贾元春省亲一段写道："贾妃满眼垂泪，方彼此上前厮见，一手搀贾母，一手搀王夫人，三人满心皆有许多话，只是俱说不出，只管呜咽对泣……半日，贾妃方忍悲强笑，安慰贾母、王夫人道：'当日既送我到那不得见人的去处，好容易今日回家娘儿们一会，不说说笑笑，反倒哭起来。一会子我去了，又不知多早晚才来。'说到这句，不禁又哽咽起来。"又元春向贾政说："田舍之家，虽齑盐布帛，终能聚天伦之乐。今虽富贵已极，骨肉各方，然终无意趣。"《红楼梦》作者笔下的元春，已是一个有名号的妃子，贾府又是那样的富贵气派，会亲的一幕却还是这般凄惨，这是文学作品对真实情状的反映。要论真正的历史事实，在清朝封建宫廷里，从

① 笞打，以小竹杖责打。

来不允许宫人回家省亲的，那真是一入宫门，便与亲人生离死别，更是悲惨。元妃省亲大观园的事，是曹雪芹表示对秀女境遇的安慰；悲惨情节的描绘，是作者表示对封建制度的反抗。皇帝挑选秀女，紧紧关在宫中不肯放松一步；只图自己欢乐，不顾人家伤心，真是凶暴专横透顶了。

一九〇〇年淹死珍妃的水井，现在还照旧保留在故宫里。这口井更明白揭露了宫廷中专制黑暗的内幕。

珍妃井是一座普通的水井，四面一无装饰，和东、西六宫庭院里的井都不一样，既没有琉璃瓦盖顶的小亭，也没有围绕着的玉石栏杆。它的引人注意，只因为它是珍妃淹死之所。照现状看来，井口极小，人是掉不下去的。一位皇妃怎么会落入这井而死呢？此事说来话长。

原来珍妃是清朝光绪皇帝的一个妃子。当时光绪皇帝看到我国连续给外国打败，订立屈辱的条约，自己的政府摇摇欲倒，十分危险，愿意变法图强，以求维持清朝的政权。珍妃拥护光绪的主张，所以光绪很爱她。可是光绪的嗣母西太后极不愿意变法，因此对光绪十分不满意，连带也恨透了珍妃。西太后使出太后的威势，常常虐待珍妃，后来竟把珍妃打入冷宫，不许与光绪会面。义和团入京的时候，据说珍妃正被禁锢在西太后寝室后面的一个小院里。

有两个清朝末年跟随西太后的亲信太监，一个叫唐冠卿，一个叫陈平顺，在当初都是不离西太后左右的近侍。在一九三〇年时，他们早已散出皇宫，都是七十多岁的老人了。当时故宫博物院曾请他们作顾问，协助整理故宫的工作。他们曾目睹珍妃被迫投井的这幕惨剧。据他们回忆，当时珍妃禁闭在故宫东南角的一个小院里，与外人隔绝，按时由门隙里送进一些食物，寒去暑来，苦苦地度着凄惨的岁月。义和团反帝运动在北京展开斗争，八国联军进入北京，西太后决定带着光绪逃走。临逃时，西太后命二总管太监崔玉桂将珍妃引出冷宫，坐在井旁阶上，告诉她："洋人进城了，恐遭不测，难免污辱，不如死去。"当时就指着水井说："你下去吧。"在封建皇朝里，这叫做"赐自尽"。这时随侍太监都被打发到游廊拐角处去了，只留着西太后、珍妃和总管太监。据陈、唐二人说，当时井上的小口井盖石已经挪开，井口掉得下一个人了。他们望见珍妃还和西太后争吵了半天，细情听不清。最后听到西太后大声说："玉桂，把她推下去吧！"这个青年少妇就这样牺牲在水井里了。随后，西太后一伙人仓皇地出神武门，逃出京城，绕道到西安去了。珍妃的尸体到一九〇一年才打捞上来。当时又把小口井盖石盖好，像现在的样子。珍妃的同胞姊姊瑾妃，也是光绪的妃子，于西太后死后，在这口井对面的房子里布置了一个小灵堂纪念珍妃，于是"珍妃井"就成为这口井的专名了。从这口井上，可以看到多么凶恶的封建势力，多么悲惨的宫廷生活呀。

几百年来，经过明清两代，一共有二十四个皇帝居住过这座皇宫。他们都是带着宠爱的后妃和嫔御，役使着成百成千的宫人秀女，住满了三宫六院。他们的日常生活都是穷奢极欲，荒唐昏聩。从前老百姓曾经这样说过："朝廷里吃的是龙髓凤肝，用的是金杯玉盏。"在这句话里隐含着怨气和仇恨，是被剥削者控诉的呼声。现在故宫博物院里陈列出来的金器玉器，和历史档案里"御膳房"的膳单，都足以证明老百姓说的话是实在的。在过去的阶级社会里，老百姓被剥削得吃糠咽菜，缺衣少穿，皇宫里却是过着荒淫奢侈的生活。一位参观过故宫博物院的人说得对："看到了这种陈列，才知道过去历史上的农民为什么要革命。"

在清宫里有个内务府，是皇帝的管家机关。现在在清内务府的档案中，还保存着十八世纪乾隆朝直到二十世纪光绪朝寿膳房（皇太后用的）、御膳房（皇帝用的）的膳单。年代较远的不用讲，单说清朝末年同治皇帝初立时东、西两太后"垂帘听政"时代的。那时候已是清朝垂死的时代了，可是她们的饮食享受还是那样奢侈，据说在燕窝菜上，还得用艺术装点，堆出"万寿无疆"的吉祥语，祝颂他们统治万岁。有一张冬季菜单是这样安排的：

> 皇太后二位，每位前晚膳一桌。火锅二品：八宝奶猪火锅，酱炖羊肉火锅。大碗菜四品：燕窝万字金银鸭子；燕窝寿字五柳鸡丝；燕窝无字白鸭丝；燕窝疆字口蘑肥鸡汤。杯碗四品：燕窝鸡皮；爓[①]鱼脯；鸡丝煨鱼面；大炒肉炖海参。碟菜六品：燕窝炒炉鸭丝；蜜制酱肉；大炒肉焖玉兰片；肉丝炒鸡蛋；熘鸡蛋；口蘑炒鸡片。片菜二品：挂炉猪；挂炉鸭。饽饽四品：白糖油糕寿意；立桃寿意；苜蓿糕寿意；百寿糕。随克食[②]一桌：猪肉四盘，羊肉四盘，蒸食四盘，炉食四盘。

这是固定菜单，还有临时增加的时菜。皇帝后妃皇族们每天还要贡献几品美味。合计起来就有上百数的食品了。这还不算完，这些东西在他们和她们口里会有时吃得腻烦，因而在皇宫里还有野意膳房。所谓野意，不外乎是鹿脯、山鸡、熊掌、芦雁等，拿来换换日常口味。据唐冠卿和陈平顺说：西太后每天都是吃菜一百多样。“传膳”的时候，在她座前，排列几张画金花的方桌，服侍太监由膳房捧食盒端菜，碗用五彩官窑或绿地黄龙碗，上面盖着银罩，由几十名太监按照上菜次序进菜。凡是平日喜欢吃的菜，放在最前列，还要摆上几个小碟，以便夹置更合口味的东西。据说在一百多样菜中仅尝几种，其余都是装装排场的。除封建朝廷里的皇帝和太后以外，像后妃嫔侍也都各有宫分，也都是山珍海味，水陆杂陈。他们一餐饭的消耗，抵得上农民多少年的生活用费。他们吃的，不都是民脂民膏么？

① 爓，把食物放在热水里稍微煮一下，现在都写为“氽”，或以“川”字代用。

② 克食，满洲语，指小吃之类。

矛盾重重　深宫剧斗

皇宫是封建政权的大本营，一切统治人民压迫人民的号令和措施都是从这个大本营里发出去。皇宫有高厚的宫城、深广的护城河、密密匝匝的御林军在拱卫着，真个是金城汤池，十分巩固。历朝专制皇帝又哪里料得到农民起义军竟会破城直入；当然更想不到深宫的内部竟也会有一次一次的剧烈战斗。历史事实证明：在阶级斗争十分尖锐十分剧烈的时候，皇宫堡垒是不堪一击的。下面就来讲几件这样的事。

明代自从一三六八年（洪武元年）建立高度专制政权以来，到了十五世纪中叶，就走向衰落的道路。统治者对人民的剥削一天天加重，不管老百姓的死活。农民终年辛勤劳动的果实，大部分都给封建皇帝和大地主掠夺去了。政治黑暗，官吏贪污，横征暴敛，民不聊生，阶级矛盾日益尖锐。据史书的记载，由十五世纪中叶到十六世纪，农民暴动此起彼伏，不断地发生。到了一六一六年以后，东北地区的军事紧急，更是重重叠叠地加派边防军饷。到一六二八年（崇祯元年），农民大起义爆发了。当时陕西北部是天灾最严重的地方，官吏又很凶恶，所有农民都陷于饥不得食、寒不得衣、无法活下去的境遇，被迫纷纷起义。一群领不到驿饷、饥饿难活的驿卒也参加了起义军。一六三五年（崇祯八年），起义首领大会于荥阳。在这些首领中，最杰出的是李自成和张献忠。一六四四年（崇祯十七年），闯王李自成率领一支纪律严明的队伍，得到广大人民的拥护，一路所向无敌，突破了金城汤池般的城墙壕池，杀进了北京，冲入皇宫，推翻了明政权。当时明朝的崇祯皇帝在宫里急得走投无路，只得先逼杀了皇后，再刺杀了妃子，然后跑到皇宫后苑的煤山脚下，在一棵古槐树上上吊自杀。李闯王就在外朝武英殿里建立政权，处理政事。这个胜利果实后来虽然被从东北乘机入关的清朝统治者掠夺去了，这次农民大起义终于遭到了失败，可是在故宫里却永远留下了万众纪念的农民起义遗迹。现在我们游览故宫，走到武英殿，自然会想起当年李闯王领导农民起义的光辉胜利，曾在这殿上建立过农民政权。

清代自从一六四四年顺治入关代替了明代，经过康熙、雍正、乾隆三朝，由于频年用兵，宫廷奢侈，加重剥削，害得人民生活困苦不堪。乾隆皇帝更是挥霍无度，晚年信任权臣，政治腐败，贪污横行，人民生活更苦了，因此农民起义和少数民族起义接连爆发。到了嘉庆十八年，河北、河南、山东三省边界发生了一次规模很大的农民起义。其中北京地区的农民起义队伍，曾经深入到北京皇宫以内。当时，皇宫里一部分亲信内监也参加了起义组织。一八一三年十月八日，即嘉庆十八年九月十五日，这支农民起义军在里应外合的形势下，分头由东华门、西华门突入清宫，在紫禁城里掀起了一场反抗专制统治的剧烈战斗，战事深入到专制皇帝寝宫的养心殿附近。由于事先准备不成熟，而且毕竟是寡不敌众，这次起义结果是失败了。可是在故宫内廷隆宗门的匾额上和东北角梁处，到现在还牢牢地钉着当时射出的箭镞，还留下当年人民反清起义的遗迹呢。

在一八〇三年，即清嘉庆八年，有城市贫民陈德，受不了清廷的专制压迫，奋起抗争。他藏刀用计混进东华门，绕到神武门。候着嘉庆皇帝乘轿走到御花园外面时，就由神武门里西房趋出行刺。在这种场面下去行刺是十分冒险的，然而他却孤身奋斗，出入人群之中，刺伤了御前大臣额驸亲王、御前侍卫高级勋戚官员等多人。但陈德终究寡不敌众，失败被捕，定罪是凌迟（用刀将肉体一块块碎割）处死。陈德的大儿子对儿十五岁，小儿子禄儿十三岁，按《大清律》，这样没成年的孩子应当是免死监禁，但在这样的案件中，就不管什么《大清律》，下令跟陈德一道杀死了。你看，皇帝安居深宫，重重高墙，紧紧保卫，却还是避不开人民的刀刃。

人民反抗封建统治者的斗争矛头竟直刺入深宫，真不是当时的皇帝始料所及。事情还不仅如此，皇宫内部也常常发生剧烈的斗争。这也可以举几件事来谈谈。

在一五四二年，明世宗嘉靖二十一年，宫人杨金英等十几个人，受到宫廷中的压迫，痛苦不堪，冒险起来反抗。乘嘉靖皇帝熟睡的时候，用绳子勒住他的脖子，要将他处死。不料当时误结了活扣，嘉靖竟挣脱了绳结，侥幸没有死。可怜这些宫人和被牵连在案内的妃子等都被惨杀了。从这件事后，这个凶狠的皇帝便搬到西苑万寿宫去，不敢住在大内宫殿里了。还有在一六一五年，即明神宗万历四十三年五月，蓟州人张差带着木棍深入大内慈庆宫。这个宫殿区里住着太后、后妃等，皇帝有时也在这里。张差竟敢越过了重重警卫，打伤了阻挡的御前卫军，直冲到内廷的慈庆宫。这个大闹皇宫的事可不寻常。当时为了这件事，在统治集团中互相诘责，互相攻击，闹了个满天星斗。仔细考究起来，原来是皇宫里的权贵们争权夺利，互相倾轧，暗中搬弄，指使这个老百姓闯宫行凶。这不是明明白白揭露了皇宫内部的斗争吗？

清朝咸丰皇帝纳叶赫那拉氏为妃。当年东宫皇后没有生皇子，她却生了个皇子。咸丰皇帝死后，她的儿子继位，就是同治皇帝，于是东后就称为东太后，她就尊称为西太后了。西太后在儿子做皇帝以后，一心要专权，就用尽种种方法，耍了种种手段，传说她暗暗把东太后害了。她害死了东太后，还要和儿子争权。据说同治皇帝就为母亲管得太紧，约束得太严，郁郁闷闷，年轻轻地就死了。同治皇帝没有生儿子，死后西太后不为他立嗣子，却去找了她一个只有四岁的又是侄儿又是姨甥的载湉来。载湉是当日醇亲王奕譞的儿子，也就是同治的叔伯弟弟。载湉以弟弟的身份接任同治的帝位，这就是光绪皇帝。西太后原是存心要独揽大权，专断一切，才这样干的。光绪皇帝继位之后，西太后对他比同治皇帝管得更凶，一切都得听命于她。后来因为光绪皇帝主张变法图强，闹了戊戌变法的事，西太后恨透了，就把他囚禁在西苑南海的瀛台。于是光绪皇帝也郁郁闷闷，年轻轻地就死去了。你看，为了争权争势，自家亲属，甚至母子骨肉之间，竟还有这样尖锐的矛盾，这样剧烈的斗争，封建皇宫里的黑暗可想而知了。

文物宝玩　搜刮入宫

在皇宫里还有一些有关文化艺术的宫殿院落，直到现在还保留着。其中有的是印书局，有的是图书馆，有的是档案库，更有特种手工艺工场。这些都是我国文化的珍藏，工艺的宝库。

首先说说皇宫里的印书局吧。在三大殿东西两旁各有一组建筑，在东华门以内的叫文华殿，西华门以内的叫武英殿。明清两代，这里都是皇帝会见大臣商讨国事，或与文学侍从诸臣讲论学问的地方。明代皇帝经常叫武英殿中书[①]写书画扇面。到了清代康熙朝，在武英殿后成立了修书处，集合很多的文人学士在这里编写书籍。这时正是十八世纪初期，中国印刷术大大地发展提高，因而就在武英殿里开办了一个印书工场。这个工场曾用铜活字版印了一部大类书《古今图书集成》。这是一部仅次于明代《永乐大典》的巨著。全书一万卷，分五千二百册。这样大部头的书籍，用铜活字版印刷，是一件了不起的事。活字版，就是先制出各个单字，要印书时用单字排成印版。书印成后，拆了版，单字仍然可以利用，再排印其他书籍。这方法就和现在铅印书籍排版法一样。这种技术，远在十一世纪宋朝的时候就已发明了。不过当时是用胶泥制成活字，后来用木刻活字。在西方资本主义国家，直到十五世纪才懂得活字

① 明在武英殿、文华殿、文渊阁、东阁等设大学士。因为这些官是内廷殿阁中的官，所以称内阁。内阁中设中书舍人的官，执掌书写机密文书的职务，就是此处所称的中书。

印刷术，比中国要迟好几百年。到了十三世纪，我国又出现了用金属制活字的技术。在十八世纪的中国，皇宫又用金属活字印行《图书集成》这样的大部头书籍，这不能不说是印刷史上的一件大事。

清乾隆时连续在武英殿集合文人学者编辑书籍，像四库全书馆就设在这里。除去编书外，也翻刻古籍，书版有整块的木刻版，有木刻活字版。木活字版就是有名的聚珍版。翻刻的书籍，准许全国文人学者定购。当时手艺最高的雕版工人，大都集中到皇宫里的印书工场。我国特产的开花纸、连史纸等上等好纸也都垄断在皇宫里。很多学问渊博的人整日在这里精勘细校，所以武英殿印行的书都是纸墨精良，校勘详审，跟坊间一般的刻本大大不同。因为这些书是在皇宫里武英殿刻印的，所以通常都叫做“殿本书”。现在故宫博物院图书馆有殿本书目，其中著录的即有七百余种。这些书在现在都是难得的善本了。

皇宫中也有属于图书馆性质的殿堂。在明代皇宫中有文楼，有文渊阁，就是宫廷中的大图书馆。著名的大类书《永乐大典》有二万二千八百七十七卷，另有凡例和目录六十卷，共装成一万一千九十五册，是当时的最大的百科全书，原来就收藏在这里。这是《永乐大典》的正本。后来又重钞了一部保存在紫禁城外的皇史宬，到了清代移存在翰林院。大约在明亡的时候，皇宫里的正本烧毁了。存在翰林院的副本，在一九〇〇年八国联军侵入北京纵火焚烧民居和衙署时，一部分被联军抢走，大部分也化为灰烬了。到清朝末年，残存的《永乐大典》只有几十册了。解放后国内收藏家曾将散失在民间的零本捐献给国家，共有二十三册。在一九五一年至一九五六年间，苏维埃社会主义共和国联盟曾先后三次将《永乐大典》共六十四册送还我国。一九五五年，德意志民主共和国柏林图书馆将《永乐大典》三册送还我国。明代的文楼现在还存在，那就是故宫中的体仁阁；文渊阁大约就是清代实录库的所在。现在故宫里有清代的文渊阁，是乾隆三十七年在文华殿后新建，专为收藏《四库全书》的大书库。当十八世纪八十年代正是清代乾隆在位的时候，曾广泛地收集全国的书籍，并由《永乐大典》中辑录重要遗籍，自乾隆三十七年至四十七年（一七七二——一七八二年），用了大约十年的工夫，编成了一部大丛书《四库全书》，共有三千四百多种，三万六千多册。这一套书都是用上等开花纸画着朱丝栏，用工整的字体缮写的。外表装潢也极精美。当时一共缮写了七部。第一部就收藏在这文渊阁里。除皇帝去浏览以外，也允许一些文学侍从的大臣和其他高级官员入阁阅览，所以文渊阁是皇宫里的最大图书馆。

《四库全书》分经、史、子、集四大类。书皮分为四种颜色：经部是青绢皮，史部是赤绢皮，子部是白绢皮，集部是黑绢皮。据说这样分别四库书皮是象征春、夏、秋、冬四时的颜色。文渊阁本《四库全书》在抗战前曾由北京运往南京，抗战胜利后未及运回，在南京解放前被运到台湾去了。

第二部《四库全书》存放在圆明园文源阁里，一八六〇年英法联军侵入北京时被野蛮的英法侵略军烧毁，与圆明园同归于尽。第三部原来存在热河避暑山庄文津阁，现在已移到北京图书馆保藏。第四部在沈阳故宫文溯阁，现藏在东北图书馆。第五部在浙江杭州文澜阁，现藏在浙江图书馆。第六部在江苏扬州文汇阁，第七部在镇江文宗阁，这两部都在太平天国革命战争时期散失完了。

另外，《四库全书》还有副本一份，存放在翰林院，当一八六〇年和一九〇〇年两次外国军队入侵时，和《永乐大典》同被毁灭。

皇宫里有一所宫殿，是一个小型的四库全书馆，名叫摛藻堂。在《四库全书》开馆编辑时，乾隆皇帝已经六十三岁了，他恐怕不能看见全书编成，所以先选择其中最精的书籍编一部《四库全书荟要》，也就是四库全书的选集。当时编成两部。一部藏在御花园摛藻堂。这个地方前临轩榭[1]，右倚小山，古柏参天，环境清幽，确是一个恬静的图书馆。现在书橱仍旧，原书也被运往台湾。另外一部本来放在圆明园，也是在一八六〇年与文源阁《四库全书》同时被烧毁。

在乾清宫的旁边还有一个善本图书馆，宫殿的名字叫昭仁殿，本是内廷乾清宫的东暖殿。乾隆年间，利用这座殿收藏善本图书。到乾隆九年（一七四四年），检查宫廷中由明代以来所藏的宋版、金版、元版、明版以及影钞本的珍本书籍，排比次序，列架藏在昭仁殿。乾隆取汉代宫中藏书天禄阁的故事，写了一块“天禄琳琅”的匾挂在殿中。可惜在嘉庆二年失火，昭仁殿与藏书全部被烧毁。这时，乾隆还没有死，在做太上皇帝，就又重新集中了一部分善本，编为后编。这个《天禄琳琅后编》，除去在清朝末年为清廷盗卖了不少以外，还有一部分被运到了台湾。所有残存在故宫里的和解放后陆续从各地搜集回来的，现在一并都收藏在北京图书馆。

历代封建皇朝，在皇宫里都有藏书楼和图书馆性质的建筑，收藏丰富的书籍，还有写书和印书的机构。明清两代继承了这样的传统。

我们十分清楚地知道：历代帝王所以这样做，从根本上说，当然不是为了传播文化，也不是像他们自己所说的“稽古右文”[2]；他们的真正的意图是为了笼络当时的士大夫，粉饰太平，巩固统治。然而在这种意图下的收藏和编辑工作，对我国文化的保存和传流，客观上也起了相当的作用。

皇宫是皇帝的住宅，同时又是专制政权发号施令的最高机关。明清时代，总理全国政治的内阁，就设在皇宫里。一切有关全国政治的政令，都由内阁发出；全国各地向皇帝报告政务或请示，也都通过内阁进呈。因此内阁地区现在还存有两个大库：红本库和实录库。在明朝和清

---

① 轩，长廊；榭，台上的屋。轩榭，上有轩敞回廊的高屋。

② 稽，考究；右，重视。全句是考究古学、重视文事的意思。

初，这地方叫书籍表章库。在这两个库里，存有从十五世纪明朝初年直到一九一一年辛亥革命清朝灭亡期间的大量档案，主要档案和书籍有揭帖、红本、史书、上谕档、丝纶簿、起居注、实录等[①]。

一七二九年正是清代的雍正朝，当时曾出兵西北地方镇压少数民族。雍正皇帝为了便于随时和大臣们商议军机起见，特命一些亲信满汉大臣，在他寝宫养心殿墙外（故宫乾清门西）几间小板房内值班，等候召见。这个地方就叫军机房，后来改为军机处。乾隆朝又重新改建军机处房屋，并铸造军机处银印。一个临时性的值班房，从此变为永久性的机构，它的职权范围也不单属军事了，逐渐将全国政治都管起来。原来的内阁，就成为只是办理日常例行公事，颁发布告，以及保管制、诏、诰、敕（都是皇帝下发的文告）和题、奏、表、笺（都是臣工上奏的文书）等等文书档案的机关了。真正权力机关转移到军机处。看起来军机大臣好像是有权的，实际不过是承上启下的高级传达员。那时候专制政权是完全操在皇帝一人手里。军机处并不是决定军政事务的地方，仅是听从呼唤的值班房，做点秘书工作罢了。所以军机处的屋里，除去有一般的红漆桌椅以外，就很少装饰了。现在故宫博物院还按当时原状陈列，可以看得清楚。原来每天早晨，皇帝将这些军机大臣叫到养心殿后，在“赐坐”的名义下，让他们跪在预先放好在地面的军机垫子上“听旨”。军机大臣跪着心记大意，拟出正式的“旨意”，或者出来叫军机章京[②]拟稿誊写，经皇帝复阅决定后，再分发到有关各部门去。这样，军机处显然是掌握当时专制政府机要文书的地方，所以和内阁一

① 官员报告例行政务，除向皇帝上题本外，同时还向关系衙门投送与题本内容相同的文书，叫揭帖。内外本章（题本）进呈皇帝，经内阁用红笔签批于本面的，叫红本。题本经过批红后，内阁将本中事件摘要写下来，另钞成册，以备史官记注之用，就是史书。皇帝向官民人等晓喻事理和调动官职的文书称上谕。皇帝所发一般的命令称诏令，别名“丝纶”。记录皇帝日常言行的文件叫起居注。记录每代皇帝一朝历史事实的书册叫实录。

② 军机章京是军机大臣的属员，俗称小军机。

样，也留下了大批档案，而且这些政府档案是更为重要的，成为现在中央档案馆历史部最有价值的档案。这些档案，很多关系到二百多年来政治、军事、财政、经济、外交、水利、农业等等的国家大事，是很宝贵的资料。

为皇帝管家的机构，明代叫内府，清代叫内务府，总机关在宫廷里，附属机关分散在皇城内外。明代内府有十二监四司八局，由于年代已远，现在只有几处街道名称还留着这些机关的遗迹，像西安门内的惜薪司，地安门外的兵仗局、酒醋局、宝钞胡同等，都是明代内府所属机关的所在。清代有七司：广储司、会计司、都虞司、掌仪司、营造司、慎刑司、庆丰司；内务府总管各司。此外还有上驷院、武备院、奉宸院，分别管理御用马匹、武备、园圃等。除此之外，在皇宫里还有各种特种手工艺工场。我们在故宫博物院古代艺术博物馆里，会看到三四千年来我们历代祖先留下的精美的工艺美术品，有石器、玉器、陶器、铜器、骨器等等，真是丰富多彩。这种手工艺，从奴隶社会到封建社会，在长时期内逐步发展着，到十四五世纪更特别发达。明清两朝都曾将国内各地精工巧匠集中到北京来，在皇宫里或在御苑里建立工场，从事制造精细工巧的器物，供帝王玩弄享受。在明代，有御用监专管造办宫廷所用的围屏，摆设器具，象牙、花梨、紫檀、乌木、鸂鶒木等家具，双陆、棋子、骨牌，以及梳栊、螺钿，填漆、盘、匣、柄扇等。在西苑内有果园场，制作的雕漆，到现在还保存着许多精品。还有驰名世界的景泰蓝，也是出自宫廷工场的。到清朝，宫廷的工艺品工场更有发展。从十七世纪后期康熙十九年（一六八〇年），在皇宫中设立了养心殿造办处，这就是制造皇帝玩赏工艺物品的一个工场。到了乾隆年间，大约有四十个工种的作坊，如：

裱作、画作、广木作、匣作、木作、漆作、雕銮作、镟作、刻字作、灯作、裁作、花儿作、绦儿作、穿珠作、皮作、绣作、镀金作、玉作、累丝作、錾花作、镶嵌作、牙作、砚作、铜作、鋄[①]作、杂活作、风枪作、眼镜作、如意馆、做钟处、玻璃厂、铸炉处、炮枪处、舆图房、弓作、鞍甲作、珐琅作、画院处……

在这些作坊里，制造出多种多样的工艺美术品。各作坊制造这些“活计”，要用金、银、铜、铁、锡、铅、金银叶、绸缎、绫罗、绢、绒线、丝弦、布匹、毡毯、皮张、席片、木竹、纸张、颜料、玉石、玛瑙、象牙、鳅角、玳瑁、蜜蜡、宝砂、锦带、丝绒带、黄白蜡、檀降香、糯米面、稻谷、煤、炭、木柴、潮脑[②]等，都是从各地以进贡名义搜刮而来。制造出来的器物，都是在内廷供皇帝陈设玩赏。故宫博物院成立之后，点收了残余的器物，数字还相当可观。如明清工艺品陈列、宫廷原状陈列中的物品，很多是出自皇宫工场中制造的。在钟表陈列室里，也还有内廷造办处制造的各式时钟。

以上所说皇宫里印书、藏书、档案和文献的保存、精巧工艺的制造等事，都保留了文化方面的大量珍贵遗产。此外，像皇宫建筑的本身就表现了我国历代积累的技术创造；皇宫里各个殿、阁、宫、院等处收藏的大量文物宝玩，又保留了我国历代精制的艺术珍品。所有这些，都是过去劳动人民在文化艺术上的创造，被封建统治者霸占了几百年，现在已重新回到人民的手里。今后在发展文化艺术、继承传统、推陈出新的工作上，它们一定会起着很大的作用，显示出十分珍贵的价值。

归回人民　面貌一新

故宫是千百万劳动人民辛勤劳动和智慧的创造，长期被封建统治者霸占着。这座故宫自从在一四二〇年建成后，第二年三大殿就被大火烧

---

① 鋄，马的装饰用品。

② 潮脑是潮州出产的樟脑。

光。修复以后，在嘉靖朝又被烧。万历朝第三次大火，又将三殿烧光，直到天启朝才修复起来。在明朝二百多年中，三殿两宫一再烧毁，自然每一次都是要由劳动人民出钱出力进行修复。可是当年专制皇帝是怎样对待这皇宫的呢？看了下面几次事件，就可以说明这一点。明朝宫廷中，每年从十二月二十四日至次年正月十七日，是除旧岁、迎新年的狂欢时期，每日放花炮，安鳌山灯，扎烟火，摆滚灯。皇帝升座放花炮，回宫放花炮。正德九年，一位贵族宁王又进了特异的花炮和灯，因而在灯节赏灯时期，乾清宫檐前廊下挂满了五光十色的宫灯，同时大放烟火，连日不停。不料乾清宫竟被火引着，顿时火光四起，烈焰冲天。那时正德皇帝正待率领宫监到豹房[①]去取乐，临走，他回头看了一下乾清宫的火焰，开玩笑地对宫监们说："这是一棚最好的大烟火呵。"看他够多么"豪爽"！到了清代，太和门、乾清宫、昭仁殿等也都遭过火劫。无论明也好，清也好，火烧的原因有雷火，有失火，甚至有纵火，皇帝都不当它一回事，总是表示烧了再建，没有什么大不了。辛亥革命后，清朝末代皇帝溥仪还住在故宫后半部。他的管家内务府勾结太监盗卖皇宫中的古物，偷得太凶了，最后将两所文物最多的壮丽宫殿中正殿、延春阁索性放了一把火，烧个干净。现在这块地方，殿基上还有一片瓦砾的遗迹。

从溥仪迁出故宫的时间往上算到一八四〇年鸦片战争时候，在将近百年的时期里，我国沦入半殖民地半封建的境地。当时的皇帝被内忧外患逼得手忙脚乱，哪里还顾得上修理皇宫，因此这故宫建筑就长期失修，坍塌倒坏得十分严重，各处垃圾瓦砾成山，荒草荆棘高与人齐。

解放后人民政府就为故宫订定修理计划，立即进行修缮。首先清

① 豹房，是明朝正德皇帝在宫外特造的离宫，内有各种玩乐，也有许多宫人侍候。在西苑太液池西有豹房。据说这位骄奢淫逸的正德皇帝后来就是死在豹房里。传说现在北京东四报房胡同也是明代豹房遗址之一。

除垃圾瓦砾，在一九五二年至一九五八年间运出的碴土有二十五万立方米。如果利用这些垃圾修筑一条宽到二米高达一米的公路，可以由北京直达到天津。与此同时，更进行有计划有步骤的维修措施，方针是："着重保养，重点修缮，全面规划，逐步实施。"由此在故宫博物院里设立了古建筑研究单位，聘请经验丰富的老工人，组织专业技术队伍，在科学研究基础上进行维修，把故宫作为一个考古学术工作的对象，细致地加以保护。十年来政府在这个工作上使用的经费已达五百余万元，故宫建筑也逐渐恢复了原来的壮丽面貌。为了预防雷火，在宫殿上安装了避雷针；为了进一步保证安全，设置了消防水道，组织了消防队。另一方面对故宫旧藏的文物也进行了科学的整理，并且逐步补充收藏文物，聘请各种文物专业研究人员进行科学研究，在要求体现思想性、科学性、艺术性的原则下，把故宫好好地布置陈列起来：有综合性的古代艺术陈列；有青铜器、瓷器、织绣、雕塑、绘画以及明清工艺品的专馆陈列。为了使现在的广大人民看看过去封建皇帝在皇宫里是怎样生活的，所以还保持一些宫廷历史原状的陈列。人们通过这种陈列，可以了解专制时代封建皇帝是如何无止境地剥削人民的。在今天，这座过去的封建堡垒已是广大人民可以自由游览，从那里获得知识、受到教育的场所。封建朝廷时代和反动政权统治时代已经一去不复返了。我们深深体会到只有人民掌握了政权以后，像故宫这样一座古建筑群才能得到最好的保护与利用。

（选自《历史知识小丛书》）

元宫毁于何时

元大都新城和皇宫是元世祖忽必烈从元至元三年（一二六六年）起在金亡后的中都营建的。至元八年（一二七一年）十一月，忽必烈正式建国号为元。至元九年，新皇宫落成。

元大都新城建于金中都城的东北郊外，是一座新建的都城。宫殿共修建了三组，以琼华岛团城为中心。琼华岛东太液池（今北海及中南海）东岸的一组宫殿叫大内，即宫城，规模最大，建有正朝大明殿、文思殿、宝云殿等宫殿，在今紫禁城址略偏北；琼华岛西太液池西岸，偏南修了隆福宫，偏北修了兴圣宫，供皇子、太后、后妃和其他皇室人员居住。三组宫殿，形成鼎立的布局。这三组宫殿和御苑用红墙围起，成为皇城。皇城之外另修京城。

这座京城为长方形，方六十里，从至元四年（一二六七年）起到二十二年（一二八五年）止，共修了十八年。京城南城墙位于今北京长安街一线，北城墙即今安定门外北郊的土城，这就是举世闻名的元大都，也即今天北京城的前身。原来金中都城区被称作“旧城”，逐渐荒废。

记述元代皇宫的中国著述不多。元代陶宗仪的《南村辍耕录》中有零散记述，主要是根据元《经世大典》所钞录。记载了元代中叶宫室制度。另有明初萧洵写的《故宫遗录》。萧洵是明洪武朝的工部郎中，亲自到过元故宫。因此，《故宫遗录》是关于元故宫最完整的著述。

从《故宫遗录》的描述可以看出：元代宫殿豪华壮丽。宫城（大内）“东西四百八十步，南北六百十五步，高三十五尺”（按：元制每里二百四十步）。城为砖砌。宫城四角有十字角楼。宫城内南为大明殿，北为延春阁。宫城午门内有大明门，而大明殿建在十尺高的殿基之上。“绕置龙凤白石栏，栏下每楯压以鳌头”。御苑在宫城之北，太液池之东。兴圣宫和隆福宫分布在太液池两岸。这几处宫殿围绕在太液池中的琼华岛周围。琼华岛又称万岁山，山南小岛上另建有仪天殿（即今团城）。记载中说：这些建筑，“虽天上之清都，海上之蓬瀛，犹不足以喻其境也”。说明元代皇宫除了极尽豪华之外，也吸收了汉族神话传说中的意境来设计。比如太液池中的琼岛，就是按照“蓬莱仙岛”的传说，设计出一处处的仙境，到琼岛顶端，则是广寒殿，说明这个仙境已经和月宫相联，人们游到这里，已经遗世而登仙境了。元世祖忽必烈虽然营建了豪华的皇宫，但他经常居住的地方却是琼华岛广寒殿。当时他有两件心爱的宝物：一件是镶嵌珍宝的床，安放在广寒殿的里面；一件是盛酒用的玉瓮——渎山大玉海——至今仍存放在团城。这座广寒殿一直到明代万历朝初年仍存，后来因失修而倒坍，从屋脊中发现铸有“至元”年号的金钱，这说明广寒殿是元代初年忽必烈朝所建，事在万历七年。据《日下旧闻》引《太岳集》载：“皇城北苑中有广寒殿，瓦壁已坏，榱桷犹存，相传为辽萧太后梳妆楼。明成祖定鼎燕京，以垂鉴戒，至万历七年五月，忽自倾，其梁上有金钱百廿文，盖镇物也。上以四文赐余，其文曰‘至元通宝’”。按至元乃元世祖纪年，非辽时物矣。

至元十二年（一二七五年）夏，意大利商人、大旅行家马可·波罗来到大都，见到忽必烈，后来又到过中国许多地方，回国后写了一本游记《马可·波罗行记》，对当时的“汗八里”（即元大都）和中国一些地方作过具体描述，把元代皇宫的豪华壮丽描写得如同人间天堂；汗八里都城的雄伟和富庶被形容得举世无双，因此成为西方航海家和商人向往东方的吸引力之一。

元大都皇宫的情况，在《马可·波罗行记》中描述说：“……大殿宽广足容六千人聚食而有余。房顶之多，可谓奇观。此宫壮丽富赡，世人布置之良，诚无逾于此者。顶上之瓦皆红黄绿蓝及其他颜色，上涂以釉，光辉灿烂，白色犹如水晶，蓝绿则如各种宝石，致使远处只见此宫之光辉……”“宫顶至高，宫墙及房壁满涂金银，并绘龙、兽、鸟、骑士形象及其他数物于其上。屋顶之天花板，只涂金银及绘画，外无他物。”他还提到另一处宫殿：“大汗为其将承袭帝位之子建一别宫，形式大小完全与皇宫无异，俾大汗死后内廷一切礼仪习惯可以延存。”

上面两段，根据后来的记载核对，他所记的乃是元大内的大明宫和太液池西部的隆福宫。此外，马可·波罗还描绘了“绿山”——即琼华岛，说是“世界最美之树皆聚于此”，说忽必烈“命人以琉璃矿石满盖此山”。还提及山顶有一座大殿——即传说中的广寒宫（殿）。

马可·波罗是唯一最早记录元大都和皇宫的欧洲人。他的《马可·波罗行记》是他回到欧洲，经他口述由别人记录的。当时引起欧洲读者的强烈反响。教会却认为他是捏造，当他垂死时，神父让他忏悔，要他承认这本游记全是谎话。马可·波罗含泪答道："上帝知道！我所说的连我看到的一半还不到哩！"

马可·波罗在中国停留了二十四年，于一二九五年回到意大利威尼斯市。他这本书，当然不免有夸大、含混和失实之处，但他所提供的各种资料却是极有价值的，从十五世纪及以后，即陆续受到欧洲航海家、探险家及学术界的重视，陆续出版了百余种各种文字的译本。

元代建成大都豪华的皇宫后，只享用了七十多年，明太祖朱元璋即在元至正二十八年（一三六八年）正月在应天府（今南京）登帝位，国号明，年号洪武，跟着派大将军徐达率领骑兵和步兵沿运河北上，从通州抵达元大都的齐化门。元顺帝连夜从健德门逃走，出居庸关北走元上都开平。当年（洪武元年）八月初二日，徐达率将士从齐化门填壕登城而入，占大都，元亡。

此后，在一些记载中，便说是明朝建国初已把元宫殿拆毁，流传的说法也如此。这种记载及说法的根据，是明初萧洵所写《故宫遗录》中的两篇序跋。一为吴伯节序，说萧洵"奉命随大臣至北平，毁元旧都。"二为赵琦美跋，说："洪武元年灭元，命大臣毁元氏宫殿"。如果仔细分析并参阅其他记载，便可以发现这些说法有不少地方值得怀疑，是没有根据的。

一、《故宫遗录》是一篇关于元故宫比较完整的记录。萧洵看到元大都大内宫殿，是在洪武元年（一三六八年）八月二日徐达攻克大都之后，当时他任工部郎中。从全文体例看，很像一篇游记，全文中丝毫没有提及拆毁元宫的事，没有著作年代，也没有自叙和题跋之类的附文。那两篇序是后来别人所写的，两位作者与萧洵都没有直接关系。

二、《故宫遗录》第一篇序的作者吴伯节，是在洪武二十九年（一三九六年）从朋友高叔权处看到萧洵的原稿后写的，序中只说萧洵"革命之初……奉命随大臣至北平，毁元旧都"，并没有说毁元故宫。第二篇赵跋是明万历四十四年（一六一六年）所作，和洪武元年（一三六八年）已相隔二百三十七年，不但元大内早已无存，明皇宫也已营建完备了。他跋中说的“洪武元年……毁元氏宫殿，庐陵工部萧洵实从事焉”，只是根据二百年前的传统，拆毁元宫殿。以后，后人就有人据此说洪武元年元宫殿已拆毁了。

三、拆毁宫殿是件大事，不会没有记录。例如元初建上都大安阁而拆毁开封熙春阁的事，就有稽可查。在明初的《太祖实录》以及其他记载中，却没有提到拆毁元故宫的文字，只有洪武元年八月，“大将军徐达命指挥华云龙经理元故都，新筑城垣，南北取径直，一千八百九十丈”的记载。所谓经理，是将元大都重新规划一下，缩小范围，拆掉元旧城北土墙（遗址在今安定门外约五里），而在往南五里处筑新城北墙，即今德胜门到安定门一线地方。元大都城西城墙和义门则被压新城西直门箭楼下。南面城墙则未动，因此，吴伯节序中说的“毁元旧都”，所指的应是拆元城等情况。永乐十七年（一四一九年），全面营建北京都城和皇宫时，南城墙（在现今长安街）向南移到现在前三门一带，把北京南城向南拓出三千七百余丈。这样，才出现了明皇城前的千步廊，使皇城大门承天门（即天安门）坐落在长安街正北，而把皇宫从元大内的位置南移。

四、《故宫遗录》中所说的琼华岛、兴圣宫和隆福宫，在整个洪武、建文朝（共三十五年）仍然存在。朱棣被封为燕王以后，就以隆福宫作燕王府。明刻本《祖训录·营缮门》中特别申述：“凡诸王宫室，并依已定规格起造，不许犯分。燕府因元旧有，若子孙繁盛，小院宫室任从起造。”到建文元年（一三九九年），朱允炆指责朱棣所住的地方“越分”，朱棣上书辩解说：“谓臣府僭侈，过于各府，此皇考所赐，自臣之国以来二十余年，并不曾一毫增损，所以不同各王府者，盖《祖训录》营缮条云，明言燕因元旧，非臣敢僭越也。”也就是说，元隆福宫直到建文元年仍然完好，没有经过改建。至于琼华岛部分，更有许多记载证明它没有拆毁。琼华岛上的广寒殿，原是元世祖忽必烈居住的地方，于万历七年（一五七九年）倒塌。当时首辅张居正记："皇城北苑有广寒殿，瓦壁已坏，榱桷犹存，相传以为辽萧后梳妆楼。成祖定鼎燕京，命勿毁，以垂鉴戒。至万历七年五月，忽自倾圮，其上有金钱百二十文，盖镇物也。上以四文赐余，其文曰'至元通宝'。按至元乃元世祖纪年，则殿建于元世祖，非辽时物矣。"由此可见，万历七年以前，琼华岛上的重要建筑仍未毁掉，是在洪武元年以后二百多年才倒塌。

五、洪武二年（一三六九年），朱元璋召集群臣，讨论建都地点问题，有人提议建都北平，理由是"元之宫室完备，就之可省民力。"说明当时元故宫仍然"完备"，朱元璋并没有拆毁它的意思，只是说改建起来并不省力，由此反证，元故宫如果真像赵琦美跋中所说，在洪武元年已拆，则洪武二年就不会再有人说"元之宫室完备"这样的话了。

六、在《故宫遗录》的结尾，萧洵提到："……我师奄至，爱猷识理达腊仅以身免，二后，爱猷识理达腊妻、子及三宫妃嫔，扈卫诸军将帅、从官，悉俘以还，元氏遂灭。"爱猷识理达腊是元顺帝的儿子。元顺帝于洪武元年明军攻到通州时，逃离大都去元上都开平，第二年六月再逃亡漠北。顺帝死后，爱猷识理达腊仅即位五天就被赶跑，连后妃、太子和文武官员都被俘虏。这是洪武二年的事。萧洵写《故宫遗录》当在此之后，他既未写到当时元故宫已拆毁，那么至少在洪武二年以前，元故宫仍存在。

七、从有关资料看，元大内宫殿在洪武二年之后，宫殿还存，只是荒芜了。有个宋讷，在北平做过官。他在洪武五年（一三七二年）写的《西隐文稿》中，有《过元故宫》一诗，曰："郁葱佳气散无踪，宫外行人认九重。一曲歌残羽衣舞，五更妆罢景阳宫"。这首诗说明，在宫外还能辨认九重，回忆旧状，可见元大内当时尚未成为废墟。再有一个叫刘崧的，在北平做过按察使品级的官，时间是洪武三年至洪武十三年（一三八〇年），他也写过咏元宫的诗，说："宫楼粉暗女垣欹，禁苑尘飞辇路移"。这个景象是说，元宫宫殿上的彩画已经黑暗了，宫城上的女儿墙也歪斜了。这也说明在洪武初年并未拆毁。

总之，元故宫的琼华岛、兴圣宫、隆福宫在洪武朝仍然保存了下来，隆福宫在朱棣称帝后被改建为西宫。剩下的只是一个元大内宫殿大明宫的问题。

元大内宫殿建在琼华岛东，位于大都的中轴线上，是元代的正朝，在徐达攻占大都时并没有被破坏，据上述种种原因，足证洪武元年拆毁元故宫的说法是不确切的。元故宫大明宫等的拆除时间幅度大体可以假定为是在洪武六年到十四年之间，很大可能是在永乐四年后修建明紫禁城时，元大内宫殿才被彻底拆毁的。

（选自《故宫札记》）

万历朝重修两宫

《明神宗实录》载："万历二十四年三月乙亥，是日戌刻火发坤宁宫延及乾清宫，一时俱尽……"同年四月丁酉，工部题建二宫，议款十八则："一议征逋员，一议协济，一议开事例，一议铸钱，一议分工，一议楠杉大木产在川贵湖广等处，差官采办，一议采石，一议车户，一议烧砖，一议买杉木，一议发见钱，一议稽查夫匠，一议明职掌，一议加铺户，一议会估，一议兵马并小委官贤否，一议木楂，一议停别工……"七月壬申，工部侍郎徐作又条陈大工十款："一议水运，一议木植，一议夫匠，一议灰户，一议预支，一议支放，一议给钱，一议巡缉，一议书役，一议久任。"皆奉旨议行，此役革新旧例甚多，惜

《实录》略而不详，难窥全豹，《学海类编》中有《两宫鼎建记》一书，为明工部营缮司郎中贺盛瑞撰，书凡三卷。盛瑞字凤山，河南获嘉县人，[①]两宫之役，凤山实董之。惟以官居郎中，提督大工者为侍郎徐作，而以御史刘景辰监督之，皆见明旨，凤山之名不与焉。然凤山职居缮司，营缮乃其所守，自其所撰《两宫鼎建记》观之，盖一实地任事之人，非领虚衔者可比。凤山任事，期于费简工速，经营斯役，较明仁宗修建三殿省银九十万，嘉靖以上载入《会典》各例，几尽推翻！事半功倍，如凤山者，真大匠也！本编节录《两宫鼎建记》数则；并参以实录会典，酌附按语，以见当日改革情形，且资补充贺书之漏叙。

（一）查得三殿川湖采木事例，总理则钦差侍郎刘公伯跃，副都御史李公宪卿，分理则添注郎中卢公孝达等二员，副使张公佑等二员，鼎建两宫，公题采楠杉等木止责成抚按，一官不遣。

按明仁宗《实录》载：修三殿时，采木各员，尚有高翀、方国珍、李佑、张正和诸人，可参阅上卷《木料之来源及采木官》一节。

又按两宫采木事，见于《神宗实录》载者，尚有下列各则：

万历二十四年闰八月癸未，差工部司务邹明良，领银二万两往南直隶采买木植。

万历二十五年正月己酉，工科给事中杨应文奏以大工经营，业已就绪，乞量宽楚蜀黔三省采办限期，以恤民艰，不报。

万历二十五年正月庚戌，工部复四川湖广贵州采木事宜，川广各于原派木数内，先择运十分之六，限以六年分作三运，川西道副使刘卿加衔久任，专督该省采运，贵州地险民夷，夙称空乏，先采十分之三，仍限六年分作三运：

万历二十五年正月甲子，命铸给督理四川采木关防。

---

① 《获嘉县志》文艺载贺氏著述，不列《两宫鼎建记》，中有《冬官纪事》，检《宝颜堂秘笈》所刻之《冬官纪事》校之，知为一书，又贺氏详传，见本期《哲匠录补遗》。

万历二十五年八月己巳，时四川采木，建昌去省城三千余里，采运人夫历险渡泸触瘴死者，积尸遍野，御史况上进疏陈其状，言川民各就本地采木，业有次第，而陡有尽用建昌杉木之令，此贪吏以杉木为奇货，假公济私耳，请行抚按官厅就近采取，惟期坚实可用，不必拘定地方，并将官价令司道官先期给散，无假手吏胥，以资干没，部覆从之。

万历二十五年八月己巳，工科给事中杨应文，亦以建昌采木事论劾参政刘卿，旨下吏部。

万历二十五年八月乙巳，升成都知府陈与相为四川副使，专管采木。

（一）三殿该吏部给事中刘赘题，各省直丁地内，岁加四派银一百万两，特差御史林腾蛟、唐自化等员摧攒，鼎建两宫，公止取给事例银两，尚有赢余分银，不忍加派百姓。

按修建两宫款项之由来，除事例银外，见诸《实录》所载者，有州县官员缺官俸，赃罚银两，蜡茶银两，以及臣工捐俸诸端，兹并移录于左：

万历二十四年五月壬午，命各省直府州县官员缺官俸银，收过商税及无碍钱粮，查出解部，协济大工。

万历二十四年五月丁丑，户部题本部协济大工银两，难于措置，旧增赃罚银两，已蒙停止，第减银数十年竟无着落，官民何所裨益，乞行照旧加增，解部济工，其自山东浙江等省司道各加银有差，从之。

万历二十四年六月癸亥，命各抚按严核逋欠，立期解用，以济大工，以考成例，稽查分数，参劾，工部请也。

万历二十四年六月丁酉，户部复浙江巡抚刘元霖题将蜡茶银两，暂借织造，其赃罚银两，解部协济大工，从之。

万历二十四年六月壬子，大学士赵志皋等捐俸助工，上览奏褒谕，嘉其忠爱，报闻。次日复谕内阁，昨览卿等所奏，捐俸助工，具见忠君体国之义，且卿等夙夜在公，殚忠竭力，匡襄佐理，足称尽职，况俸以养廉，禄以酬功，乃国家常典，今既卿等又揭，其允所请。

万历二十四年七月庚寅，潞王进银一万两助工，上览王奏，捐禄助工，嘉其忠爱，敕撰书复王，而自是王府捐助之请，亦累至。

万历二十四年十一月丙申，蜀王进助工银六千两，命工部收，答王书。

万历二十四年十一月己亥，赵王进助工银一千两，报闻，览王奏，捐录助工可嘉，答王书。

万历二十四年十一月丁未，肃王卫王各进银一千两助工。

万历二十四年十二月甲戌，崇王进助工银一千两。

（一）三殿采浙直鹰架平头等木，钦差郎中吴道直李方至，苏州烧金砖，钦差郎中戴愬，鼎建两宫，公具题以银二万两发江南，而鹰平至，以银二万两发苏州，而金砖至，以银二万发徐州而花班石至，未尝添注一官。

按《仁宗实录》载：郎中戴愬于嘉靖三十六年六月受查验各处大木之命可参阅上卷《木料之来源及采木官》一节。

（一）三殿大石窝采石，钦差侍郎黄光升总理，而分理又差二主事，理刑又差一主事，鼎建两宫，公具题止差主事郭知易，官不劳而石至。

按《世宗实录》载：嘉靖三十六年，有户部侍郎张舜臣于工部提督大石。

（一）三殿中道阶级大石，长三丈，阔一丈，厚五尺，派顺天等八府民夫二万，造旱船拽运，派同知通判县佐贰督率之，每里掘一井，以浇旱船资渴饮，计二十八日到京，官民之费，总计银十一万两有奇，鼎建两宫大石御史刘景晨亦有佥用五城人夫之议，公用主事郭知易议造十六轮大车，用骡一千八百头拽运，计二十二日到京，计费银七千两而缩。

按《神宗实录》刘景辰为提督工程人。

（一）三殿拽运木石车骡，尽派顺天等八府，鼎建两宫，公具题造官车一百辆，召募殷实户领车拽运，计日计骡给值，其官造车价，每辆原银一百两，题准每年扣其运价二十两，以五年为率，官银固在，一民不扰。

按《会典》载仁宗修三殿时，拽运木石，有雇募附近地方惯熟车户，运载木石之例。

（一）三殿夫匠，取之河南山东山西等处，鼎建两宫，公俱给见钱召募。

按以见钱募工，工匠轮班役法已废矣，考明代班匠制度，自洪武二百年来，皆奉行不改，不期见革于神宗修建两宫时，虽为一时权宜，并非久废，而吾人于明代营造事例上，则为不可忽视之问题也。至于募匠人数，考诸《实录》《会典》皆不载，惟班军助役，则尚见之《实录》。

万历二十四年八月癸亥，敕侍郎李祯管理乾清、坤宁二宫大工班军。

万历二十四年闰八月壬辰，兵部题山东原借留班军一千名，仍到京补班著役，毋得延缓，致误大工，并准徐抚按题催班军一律起解，从之。

万历二十四年十二月甲子，命兵部严行催促班军，以济大工。

修建两宫之役，实为明代营造史上革命时期，而贺凤山氏又为斯役之中坚人物，其所撰记自极宝贵，惟原书所记极繁琐，倘尽录之，则补充考订，必须时日，因是仅录上卷七则，略期考见一班，综观全书所记各事，损益参半，盖凡事有利必有弊，为事理之常，贺氏任事最大目标多侧重省费，故两宫栋梁有帮品之事，采木有减等之文，此例一开，贻后世以减料之弊，言工程者所不许也，两宫灾于万历二十四年三月至二十五年六月，三殿继毁于火，则其法遗传于修三殿，实意中事，吾人考及明万历以下，或即迄于清世，留于今日之建筑物，则帮品减料与否，读贺氏书后，未尝不致怀疑焉，其事著于《两宫鼎建记》大工附录内，录之于左：

（一）两宫梁栋长九丈，围一丈三四尺，见贮楠木中绳墨者百无一二，公苦之，偶见故杨司马《家乘》载楠木帮品事甚悉，公质之于内□□公洪阳且言楠木尽坏于造船，若采非五六年不可，恐材亦□全，张言不可曰，此事孰敢任之，公乃具呈备述于堂请题，部堂如公议，疏上即报可。

（二）覆川湖广减楠木尺寸疏，照得楠木宫殿所需，每根动费千万两，不中绳墨，采将安用，即头号不可必得，亦不得远下二三号云云。

然尚有可为后世法者，一则利用余材旧材，一则用材求当，菲弃公物乃为匠者之通病，此种爱惜物力之举，可引为法。

（一）照得楠杉大木，产在川贵湖广等处，差官采办，非四五年不得到京，工兴在即，用木为急，其南京等处，或有大木，咨行火急查报，见贮湾厂、神木厂者，敕内官监提督会同部官，将现在木植计算数目，先尽乾清宫、坤宁宫，次配殿宫门，均匀搭配，务俾足用，其斗稍装修等项，只以顽头标皮并截下半段等木凑用，不许混开于大木之内，以图侵冒……

（二）照得楠木巨材，稍一失用，不可复得，合无置簿三本用印铃记，一发神木厂，逐日开注某日某车户装过某号大楠木，长围根数各若干，二本发山台两厂，监督官开注某日收过车户某等，运到某号大楠木长围根数各若干，下注某日用匠若干，截作某料长围若干，其有木大过式一寸以上者，俱令锯解下听用，不许斫砍，即半段顽头，亦记数收贮备用。

（三）慈宁宫石础二十余，公令运入工所，内监哗然言旧，公曰：石安得旧，一凿便新，有事我自当，不尔累也。

按利用旧石为省费项中之最大者，贺凤山《办京察疏》有“大工之费可钜百万，而石价居其大半”之语。

篇首所引《实录》载工部题建二宫议款十八则，及工部侍郎徐作条陈大工十则，皆见诸贺书，且言之綦详，盖皆贺氏之主张也。贺氏董营造事，不仅两宫，据其记中所载陵寝府第之工，屡参其间，是其经验亦有过人处，又记中有拒绝钻刺请托之举，此点实足表示贺氏作事魄力之伟大。缘钻刺请托为社会上传统之陋习，纵使当局砥砺廉隅，公正无私，亦难免有投鼠忌器之戒，盖钻刺者所恃为后援，厥为权贵，至明代权贵最为工部梗者，则为内官监，上卷所刊《内府与营造》一文，已略言之，而凤山竟能立志不移，屡忤内监，拒营私者于千里之外，其魄力为何如耶，观其《两宫鼎建记》上卷末一则记曰：“两宫初兴，钻刺请托，蚁聚蜂屯，公一概峻绝外，至于见之牍奏，如四川差内官采木，则有百户李纶，改临清窑于武清通州，内官监督则有指挥林朝栋，百户张文学，采五台山沿边树木，则有西河王公，俱具禀呈堂题覆仰借圣明，一切报罢。惟有徽州府木商王天俊等千人，广挟金钱，依托势要，钻求札付，买木十六万根，勿论夹带私木不知几千万根，即此十六万根，木逃税三万二千余根，亏国库五六万两，公深鉴前弊，极力杜绝，天俊等极力钻求，内倚东厂，外倚政府，先捏骆金源妄奏，奉旨工部知道，幸工科给事中徐公观澜抄参，公得呈堂立案不行。前商复令吴云卿出名再奏，而买木之特旨下矣。于时奸商人人意得气扬，谓为必得之物，可要挟而取之，傍观者明知其不可，亦莫能为公计，部堂亦窃笑曰，不看贺郎中执到底耶！公乃呼徽商数十人跪于庭，谓之曰：尔自谓能难我耶，我如不能制尔，尔则笑我矣！今买木既奉特旨，我何敢违，然须有五事明载札付中，今明告尔，勿谓我作暗事也，一不许指称皇木希免各关之税，盖买木官给平价，即是交易，自应行抽分，各主事木到照常抽分。一不许指称皇木磕撞官民船只，如违，照常赔补。一不许指称皇木骚扰州县派夫拽筏。一不许指称皇木搀越过闸。一木到张家湾，部官同科道逐根丈明，具题给价，现今不给预支。于是各商失色，佥曰：必如此，则札付直一副空纸，领之何用，公曰：尔欲札，我但知奉旨给札耳，札中事尔安得禁我，不行开载。各商知公不可夺，又惧此事一行，后日路绝，遂皆不愿领札，向东厂倒赃矣。于是东厂大怒，遣缉役缉公事于原籍中，而不悦者从旁煽祸，必欲置公于危地。此时公祸在不测，未几，东厂死，政府免，公私庆，若徼天幸，然而竟不免矣！”然凤山事业之成功者多赖于此，其获谪也亦以此，然不可谓事业累之也。尚有《辨京察》一疏，刊于《两宫鼎建记》末卷，详述历事始末，盖一段营造史料也，爰附著于篇。

辨京察疏

两宫鼎建告成，劳臣功罪未著，谨据事直陈，以昭公道，以垂信史事，职闻非常之事，惟非常人为之，常人之所骇而忌焉者也。职固非非常人也，而鼎建两宫，不可不谓非常之事。夫非常之事，常人不能为，而为之者终不免，即如东事甫完，当事者无一人脱网矣。职为皇上完北上门，完西华门，今完两宫，自谓亦有微劳，且私心谓谳狱者尚有议功之条，秉心者咸具是非之直，职以六年六月之俸，升一参议，仅与循资挨俸者一例，自分可以免矣，不谓假借计典，谗构横加，职不足惜，万一有非常之事鉴职之辙，谁敢再为皇上鞠躬尽瘁而为之，此职终不能无言也。谨据实略陈其概，惟我皇上怜而垂听焉。二十五年内，该监工疏有云，大工之费可钜百万，而石价居其半，夫钜百万则一千万也，居其半则五百万矣，乃自万历二十四年七月初十日开工起，至二十六年七月十五日两宫盖瓦通完，金砖颜料买办就绪止，职经手发过银两，除浙直徐州解银六万两，神霄殿东裕库若玉轩板箱竖柜，约费银四万两，曹天佑木价万两，实计两宫支费仅六十三万有奇，不及钜百万十分之一，且铸钱积出银四万有奇，尚在六十三万数内，职完大工，裒多益寡，月费不过二万五千两耳。职又查嘉靖三十六年修复殿堂例，四川湖贵采木，则侍郎刘伯跃，潘鉴，左副都御史李宪卿，郎中李国珍，李佑，副使张正和，卢孝达等。大石窝采石则侍郎张舜臣，主事李键。浙直采木则郎中李方至，吴道直因而参罢知府宿应麟，调御史金燕，苏州烧砖，则郎中戴愬。天下催征钱粮则御史林腾蛟，唐自化等四员。概省直丁，地岁加派银一百万两，则户科给事中刘贽题准。车骡夫匠派提北直隶山东河南则欧阳必进题准。即今监工者，亦曾谓职调五城人夫拽石，职俱条陈一切罢免，一官不遣，一民不扰，自谓颇有培扶根本之图。百户李纶奏差内官川湖采木，西河王奏五台山采木，指挥林朝栋张文学各奏改临清窑于武清县通州，差官监烧。木商吴云卿骆金源各渎奏买鹰杉等木十六万根，约该价银三十万两，即科臣刘道亨疏云，若非该司之固执，则十数万帑金归之乌有矣，职俱条停陈奏，仰荷皇上俯纳，自谓颇有曲突徙薪之计。职万历二十一年，同少监佥书王国宁修景皇帝陵，即如铺户耿应祯原估银一万二千余两，部减银四千余两，止留工银七千九百余两，比完，职省银三千余两。灰户沈玉等原估灰价七千余两，部减银二千五百余两，留工银四千五百余两，职省银一千五百余两。并砖石等，通共省银七千余两，该巡视厂库给事中张问达荐职奉旨纪录。二十二年，职同太监何江修献陵，原估银八万余两，部减银四万余两，该职复议工科给事中黎□复题给事中桂□御史时□同职复估再减银一万两有奇，比至工完，职仍省银三千余两。大工所费七十余万，俱职亲手开纳，事例银九十三万两，内支给其助工银，俱管库科道固封候旨，不但一毫不取之民，抑且一毫不取之库，自谓颇有生财节用之劳。此俱工科有本，工部厂库，节慎库有册，昭彰万人耳目者，舍此不谅，而信诬螯谭暮夜，即万古无夷齐何有于职也。况职七年郎官，故居不能蔽风雨，吏部主事吴□兵部员外田□丁酉陕西主试回到职家，至京对职叹息。且如参职用张经等为心腹矣，不知所骗者何人之钱，所坏者何等之事，职不用自营利，而令其各专利恐非人情。书办王化等，委官胡觐坤系职二十一二两年，修理景泰皇帝陵，献陵屯田司印信手本开送供事员役，在景泰皇陵职节省七千余金，献陵职节省一万三千余金，可以征各役之无能为矣。夫头张经，灰户沈玉、沈祥等十八户，自寿宫开工，直至今日，四司通用，止此一夫头，十八灰户，银钱出入，亦系各监工科道并本部册籍可问而查也。后因大工职去任，堂官始题添灰户八名，二十五年，因内工给散见钱，而后投充夫头者日众，二役用之，不自职始，胡为投贿。计日计骡职用主事郭□议至良法也，今且罪职矣，此法若废，三殿宫兴，召募无人，势必复提民车，使畿辅之民，嚣然震动，然后知职之识远，而所全者大也。实收对同数之多寡，俱由监督监工，谁人受贿，刘禄等见在可问也。至于使功使过，不过借以对计日计骡耳，不然职大工所用委官不下三四十员，胡不指摘一人，而捏去任四年余，且屯田司开送之胡觐坤耶，吏部去官，有册可查也。鹰条杉木旧会估不知造自何官，中间藏号过关，由来不知费帑藏几千百万两，因职买曹天佑木，阅旧会估数过始看出，不觉大骇，随即改正呈堂，批会工科给事中徐□杨□郭□御史蒋□议，佥谓职议为妥，登簿印钤，将来不知省帑金几千百万两。即如郎中彭主事曾照旧会估磨算，曹天佑木价三万五千余两，内照职改正新估覆算，减冒滥银四千余两，原册见在工部厂库可查，裁其冒滥四千两，复索其例至三千两，即三尺童子不信也。铺户方乾系工科给事中杨□亲手涂抹，职与三司郎中同在，曾开一言否，杨□素秉直道，见在可问也。大工铺户李号因少席一领，监工责三十板，监督责二十板一拶，李号泣曰，一席值价止三分五厘，又系自己赔买，已打五十板，一职每户将来钱粮不下万余两，全家齑粉矣，因而弃家逃走，拶惧各铺户生心解体，行兵马指挥杨嘉庆严挐，二个月方获其叔李禄，倚恃老病，通政司四递通状，职悉束之高阁，通政司有号簿，工部有原状，李号见今系名在司孰迫之逃，而谓职放之也，营缮司有册有官，并本人见在，可查而问也。赵元系虞衡司铺户，与职风马牛之不相及，即面貌职亦不识，有何事于职嫌，而置之死，工部厂库有册可查也。至于窑户孙世祥职衙门并无姓名，且大工又不用窑户之砖，不知因何事扣其价四百两也，不谓青天白日之下，而有此无踪无影之诬也。然参职一事，虽若甚微，实邪正消长之大机括，恩仇报复之大关键，所系计典甚重，伏乞敕下吏部，都察院，将职行过事迹本册，与见在员役，通提到官，逐一研审，如职所陈有一字之欺，所参有半字之实，并查职自作主事至郎中，曾坏朝廷一件事，要工部一文钱，即将职重治，以为为臣不忠不廉，欺君者之戒，如系借黜幽之大典，为酬恨之奇策，乞敕吏部开送史馆，俾秉董狐之笔者，直书曰职贺盛瑞被参，某人陷之也，职死且不朽矣。

（选自《中国营造学社汇刊》第4卷第2期）

腐败的营建制度——明代政治缩影

一 从一本鸣冤录谈起

在明代万历二十四年（一五九六年）重建乾清、坤宁两宫的工程中，主持的官员中有一名营缮司郎中贺盛瑞，由于在工程中节余九十万两白银，既没有给掌权太监行贿送礼，也没有和工部官员私分，其结果是被加上一个“冒销”（虚报）工料的罪名而罢官。他写了一个“辩冤疏”向皇帝申诉，说明他确实没有贪污，而是想方设法为皇家效劳。但万历皇帝不理政事，有二十多年没坐朝。这位官员便忧郁而终。他的儿子贺仲轼根据父亲的笔记及生前口述，写了《两宫鼎建记》一书，详述他父亲主持施工的经过，并把那辩冤疏附在后面。这本《两宫鼎建记》并不是关于营建技术的著述，文字水平也不高，实际是一部表功状和喊冤录。从这本著作中也反映出明代晚期营建皇宫极端腐朽的内幕。贪污勒索、侵吞盗窃——无所不用其极，成为当时社会政治的一个缩影。

贪污受贿——已经成为公然进行的事情。

明朝中叶以后在营建方面采取了买办收购方式，因而出现了一批供应皇家建筑材料的商人。这是资本主义萌芽的一种反映，但是对宦官、官僚有极大的依附性。两宫初兴，钻刺请托蚁聚蜂屯；广挟金钱，依托势要。宦官和工部官员靠受贿发财，商人靠宦官和工部官员营利，上下勾结，形成一个吸血网络。

从《两宫鼎建记》的序言可以看出当时的风气。这个序是作者贺仲轼的朋友邱兆麟所写，公然写到“朝廷建大工，莫大于乾清、坤宁两宫，所费金钱有原例可援，乃先生省九十万。夫此九十万何以省也？是力争中珰（太监）垂涎之余，同事染指之际者也。割中珰之膻，而形同事之涅，不善调停人情而谐合物论莫甚于此”。从这段序言可以看出明代政治的概况。在官僚集团的心目中，省这九十万两白银反而会招祸，是不善调停人情。他儿子说他父之被谪也宜也。虽然有所愤慨，却也反映出明代官僚贪污的程度。

营建皇宫实际的大权操于宦官之手，主持者为内官监，再上则为东厂司礼秉笔太监（皇帝的特务头子秘书）及其爪牙。这批太监贪污受贿，干没（侵吞）、冒报、盗窃已属公开之事。其中还有一项是利用财政上兑换的差价进行剥削：如每一两铸钱六百九十文。市上每四百五十文换银一两。给与夫匠工食则以五百五十文做银一两，收利一百四十文……则发银万两可积银二千五百余两矣。由此可知只在兑换差价这一项，剥削工匠就可达到四分之一以上。营建皇宫所耗银两前后何止千万两，那就是说至少有数百万两被太监、官僚侵吞。这是不露形迹的剥削和贪污。

至于冒报人夫数字也有一段记载：两宫开工，公（指贺盛瑞）命止出夫百名。是日同科道管工者同至工所（工地）报五百名。公曰工兴才始，不遵令者谁也，询之者乃内监……虚报出工数字竟然多出四倍。从这本鸣冤录中也可以看到宦官和工部官员之间的矛盾。太监主持工程和监工，工部官员主管施工。其中提到太监命人往外抬剩料和渣土时，工部官员要进行检查，太监非常尴尬，央求官员放过。官员为了拿太监一把，于是放行了。一般说来各层太监的贪污和侵吞要甚于工部官员。因为太监不仅掌握实权，更为贪婪凶狠。

二 明代营建皇宫的买办制度

明嘉靖朝以前，一般都是派官员直接往产地派民工伐木、烧砖以及采购各种建材并派出大批随员、军士、锦衣卫督工。《明会典》记，正德九年重建乾清、坤宁二宫，起用军校力士十万，差工部侍郎一员、郎中等官四员，奉敕会同各该镇巡官督属采木烧砖。这种由皇家直接经营的备料，不仅动用大批人力，而且财政支出浩大。更重要的是由于侵扰百姓造成逃亡，甚至激起暴乱。嘉靖以后开始施行收购买办制度，以银二万两发江南而鹰平（木）至，以银二万两发苏州而金砖至，以银二万两发徐州而花斑石至，未尝添注一官。后来又改在北京附近许可商人开窑烧制砖瓦，并许可商人运木到北京，由政府收购收税。这是明中叶以后政府财政匮乏而采取的措施。但也反映了商业资本主义的兴起。

商人对封建统治阶级的依附性表现为：商人对太监行贿得找靠山，同时因必须向工部领取执照，又受工部官员挟持。有一次两宫营建需用铜料二十一万斤，显然是冒报。官员明知丁字库铜积如山，可是不向太监行贿就无法领料，于是想出一个办法。向商人限期限价勒令采购二火黄铜二十一万斤。铜商估计去南方采购不仅会赔钱，而且时间也来不及，只好向工部哀求。官员就叫铜商向管丁字库的太监行贿，太监提出要二百两银子的干礼，铜商估计要比采购所赔的钱少，只好忍痛行贿。太监这才给工部官员铜料。从这件事也可以看出太监、官僚、商人勾结和矛盾。一般商人处在被敲诈地位，但领取执照的商人有太监为靠山，以皇商名义不仅夹带私货，偷税漏税，而且假借皇木勾结地方官勒派百姓拉纤运输进行侵扰。尽管他们之间有矛盾，但在牟取私利这一点上都是一致的。

在《万历野获编》中，有这样一段记载可以旁证：天家营建比民间加数百倍。曾闻乾清宫窗隔一扇稍损欲修，估价至五千金。而内珰犹未满志也。盖内府之侵削，部吏之扣除，与夫匠头之冒破（虚报冒领）、及至实充经费所余亦无多矣。余幼时曾游城外一花园，壮丽轩敞侔于勋戚。管园苍头及司洒扫者至数十人。问之乃车头洪仁别业（墅）也。（洪）本推挽长夫（工头），不十年即至此。又一日于郊外遇一人坐四人围轿，前驱呵叱甚厉。窥其帏中一少年，戴忠靖冠披斗牛衣，旁观者指曰：此洪仁长子新入赀为监生，以拜司工内珰为父，故妆饰如此。

三　工部官员盗窃皇宫建材营建私第

嘉靖三十六年工部尚书赵文华主持营建皇宫，大量利用木材砖瓦等建筑材料，营造他自己的私宅。嘉靖皇帝见正阳门工程缓慢，不大痛快。一次登高望到远处一片楼阁亭台非常壮丽。问是谁的宅子，左右说是赵文华的新居，又说赵文华把工部的大木弄去一半为自己建府。皇帝便问首辅严嵩，严嵩替赵文华开脱。皇帝派太监去打听，果然是盗窃皇木。这个赵文华从此得罪。（《国榷》卷六十二）

赵文华是明代著名奸臣严嵩的心腹，严嵩是嘉靖的首辅。他勾结宦官、广植爪牙、排除异己、贪污受贿无恶不作。甚至伊王在洛阳要扩建王府也要向他行贿（伊王请求十万两，到手后给严嵩二万两——《明史·胡松传》）。当赵文华被嘉靖皇帝罢官流放后，严嵩又乘机吞没了赵文华的家私巨万，派人运送到严嵩自己的家乡，公然让沿途官员私役民夫护送。

如前所述，嘉靖朝营建最为频繁，这一朝严嵩当权最久，他不仅大量贪污营建费用，即连边防、民政、水利……举凡财政支出无不从中侵吞，以至售官卖爵，视官爵高低定贿赂等级。他儿子严世蕃也当上工部侍郎，大量中饱侵吞营建费用。严氏父子朋比为奸，从当时御史弹劾他们的奏章可以看出：

> 严嵩……如吏、兵二部每选，请属二十人。人索贿数百金，任自择善地。
>
> 往岁遣人论劾，潜输家资南返，辇载珍宝不可胜计。金银人物高至二、三尺者。下至溺器亦金银为之……广市良田遍于江西数郡。又于府第之后积石为大坎，实以金银珍玩为子孙百世计。而国计民瘼一不措怀……家奴五百余人往来京邸，所至骚扰驿传，虐害居民……（《明史·王宗茂传》）

至于严世蕃的情况和他老子差不多：

> 工部侍郎严世蕃凭父权专利无厌，私擅爵赏，广致赂遗……刑部主事项治元以万三千金转吏部，举人潘鸿业以二千二百金得知州……为之居间者不下百十余人，而其子锦衣严鹄，中书严鸿，家人严年，幕客中书罗龙文为甚。（严）年尤桀黠（狡猾）。士大夫无耻者呼为鹤山先生。遇嵩生日，年辄献万金为寿。嵩父子故籍袁

州，乃广置良田美宅于南京、扬州无虑数十所，以豪仔严冬主之。抑勒侵夺，民怨入骨。（《明史·邹应龙传》）

这样的贪官权奸，嘉靖皇帝长期倚之为左右手。到晚期由于御史连续弹劾，严嵩终于败露，嘉靖四十四年即皇帝死前一年，抄了严嵩的家，从他江西老家所抄出的财产为：

黄金三万二千九百六十九两，银二百二万七千九十两有余，玉杯盘等八百五十七件，玉带二百余束。金银玳瑁等带百二十余束。金银珠玉香环等三十余束。金银壶盘杯箸等二千八百八十余件。龙卵壶五，珍珠冠六十三。甲第六千六百余楹（间）。别宅五十七区，田塘二万七千三百余亩。余玩不可胜纪……又寄贷银十八万八千余（两）。”（《国榷》卷六十四“巡抚江西御史成守节上严氏籍产”）

至于严世蕃的家产，只提“追赃二百万两”。这些家产加起来，竟然超过了国家岁收和国库所存。可是当时的百姓却是骨肉相食，边卒冻馁。

四　太监的贪污

明代从永乐起就开始重用太监。朱棣派遣郑和去南洋就是一例。而营建北京也是由太监阮安主持。其后有好几代皇帝重用官僚，而像严嵩那种专权的首辅大臣不多。正统朝的王振，成化朝的汪直、谷大用、曹吉祥，正德朝的刘瑾，到天启时的魏忠贤，太监的权势到了极点。营建皇宫自不必说，正德朝把太素殿油饰一下（见新），就花掉二十万两白银。

明时物价变动得很厉害，米每石三四百文（按纹银一两易钱五百文上下）、麦七八十文、豆百文，称为奇昂。天启四年因催粮，米价始腾至每石一两二钱。又载：按明时折粮，四石可折一两，丰年一两易八九石。荒年一石至贵不过一两。崇祯时山东米价石二十四两，俱见《明史》（《骨董琐记》引“顾亭林与蓟门当事书”）。按照这个记载，明代贫农五口之家一年的生活代价大体可定为五两至十两白银（赤贫农民的生活简直无法想象，真的是吃猪狗食）。那么二十万两白银可以够几万户贫苦农民一年的口粮。

至于太监贪污受贿的程度就更厉害了，根据正德朝提督东厂、司礼秉笔太监刘瑾被抄家时的财产粗略计算一下为：

> 黄金二十四万锭，又五万七千八百两。元宝五百万锭。银八百万锭，又百五十八万三千八百两。宝石二斗，金甲二，金钩三千。金银汤鼎五百。衮服四。蟒服四百七十袭。牙牌二柜，甲龙甲三十，玉印一、玉琴一、狮蛮带一；玉带四千一百六十。又得金五万九千两。银十万九千五百两。甲千余，弓弩五百……（见《国榷》卷四十八武宗正德五年）

当正德皇帝看到这份财产清单的时候，并不介意，只是见到弓甲才发怒，认为刘瑾要造反，他把刘瑾财产没收之后，不交国库却贮藏在他的秘室豹房作为皇帝个人挥霍的私财。由于他荒淫无度，在祭祀天坛跪拜时呕血不止，回宫后很快就死了。

五　动用官军营造私宅

明代营建皇宫和北京城，除募集工匠外，官军是一支主要力量。与工部和兵部有密切关系。太监和工部官员可以公然借营建贪污受贿，而掌管军队调动的官员或者和兵部有关系的官员，在捞不到营建肥缺的情况下，要从军工身上捞一把。有的官僚公然动用大批军士营建私宅。在成化朝，太监汪直当权，手底下有两名兵部官员陈钺（兵部侍郎）、王越，还有一个平卫左所的武官朱永。这些人动用了两千军工为自己营建私宅。这件事不见于官史，但通过一件戏剧性的资料表现出来。当时宫廷有一次宴会当中穿插了一个滑稽节目（这是中国宋金以来杂剧的形式），一个叫阿丑的宫廷御用演员，假扮成穿军服的太监，挟双斧，踉跄而前。人问之，曰：我汪太监也。已，左右顾其手，曰：吾惟仗此两钺耳（陈钺、王越）……朱永时役兵治私第。阿丑复装为楚歌者曰：吾张子房，能一歌而散楚兵六千人。曰：（似为相声中之捧哏者）吾闻之楚兵八千人，何以六千？曰：其二千在保国府作役耳！上笑，永惧而罢役。（《国榷》卷三十九）

这个叫阿丑的演员很善于插科打诨，通过这段戏剧性的表演，可以看出当时太监官僚动用军士为自己盖私第，竟达两千人之多。那么用民工和为皇宫准备的木料砖瓦以营私，则可想而知。当时一些御史所不敢弹劾的事，却用一个服贱役的演员阿丑把它公之于宫廷宴会之上，可见明代政治腐败到何等地步！

（选自《故宫史话》）

明代营建北京的四个时期

明朝的第一个皇帝明太祖朱元璋，是贫苦农民出身，当过穷和尚。洪武元年正月，朱元璋在应天府（今南京）称帝，建国号为明，年号为洪武。这时，他开始考虑明朝在哪里建都的问题。

很多谋臣建议，建都于中原。朱元璋自己的第一个念头是建都于北宋的汴梁（即今开封）。当年五月，率明军征元的大将军徐达攻入河南，占汴梁后，朱元璋就亲自去汴梁看了看，同时明确表示："急至汴梁，意在建都，以安天下"。他回到南京后，正式宣布："应天曰南京，开封曰北京"。在大都被攻占后，朱元璋第二次又去开封，可见他对开封的重视。

但是，开封始终未成为明代的首都，既未进行都城营建，也未建立行宫。原因是朱元璋经过实地考察，看到那里“民生凋敝，水陆转运艰辛”，因而放弃了在开封建都的念头。

攻下元大都城后，明廷又议建都地址，有人讲西安险固，为金城天府之国；有人说洛阳居天之中，有人讲汴梁宋之旧京，漕运方便，还有人说北平府宫室完备，可省民力。意见很多，朱元璋认为都不合适，长安、洛阳、汴梁是周、秦、汉、唐、宋以来建都之地，明朝初建，民生未息，若建于彼，则重劳民力。北平元旧都，也须更作，且元人势力仍潜留北方，现在就继承其旧，尚不适宜，因而推说这些地方都有问题，或花钱太多，而未采纳群臣之见。此后，朱元璋衣锦还乡的念头越来越浓，最后决定在他的祖籍安徽临濠（即凤阳）大兴土木，兴建宫殿，号称中都。从洪武二年建到洪武八年（一三七五年），用了六年之久。不意凤阳宫殿行将完工之际，朱元璋又下令停工，放弃建都凤阳。“诏建南京大内”，“罢北京（即汴梁开封），以南京为京师”，而以凤阳作为陪都，仍称中都。

朱元璋定都南京后，把临濠中都部分宫殿拆了，移建龙兴寺，用来纪念凤阳这个龙兴之地，也借以表达衣锦还乡的意图。随即于洪武十一年（一三七八年）起，开始按凤阳中都宫殿的设计方案扩建南京宫殿。

凤阳中都的宫殿设计方案，不是凭空臆想的。在营建之前，朱元璋曾派专门官员到长安、洛阳、开封等地，对唐、宋以来的宫殿都城建设作考察，以资参考。因此凤阳及其后扩建的南京宫殿，无论在布局、坛庙规格、宫门座落、殿堂结构，以及前朝、大内、宫苑的名称、制度，都有汉唐以来的依据可寻，在规划设计上更是依法《周礼·考工记》的。可以说：中都宫殿规划布局，体现了几千年来奴隶社会、封建社会中帝王宫殿的传统，也充分反映了明代封建王朝高度集中的宫殿布局，而比以前王朝宫殿安排的更紧凑。如中书省、大都督府在午门前左右，前有千步廊，阙门左右太庙、社稷坛，即宫门前为左祖右社。这在过去是极为少见的。现在凤阳中都宫殿虽仅存遗址、土丘河流，但原中都范围内原来的建筑仍清晰可辨。有关临濠中都兴建的情况，也有文献可查，即柳瑛于明弘治元年（一四八八年）纂，隆庆三年（一五六九年）刊行的《中都志》卷三《城郭》中写道：

中都新城，我国启运建都筑城于旧城西。土墙无濠，周五十里零四百四十步，开十有二门：曰洪武、朝阳、玄武、涂山、父道、子顺、长春、长秋、南左甲第、北左甲第、前右甲第、后右甲第。洪武十年，迁府治于此。

又写：

皇城在新城门内万岁山前，有四门：曰午门、玄武、东、西两华。洪武三年，建宫殿，立宗庙大社于城内，并置中都省、大都督府、御史台于午门东西。今惟城垣。

国都中都，洪武三年，筑新城，营宫室，立为中都。

宫殿，洪武三年建，今遗址存。

朱元璋废中都，又明令以南京为京师后，他在北方建都的念头并未完全放下。洪武二十四年，在他晚年时，他曾特派皇太子朱标巡抚陕西，经管“建都关中”事宜。转年朱标死了，此事便没有再进行下去。而最后决定以北京为都城，营建皇宫紫禁城的是朱元璋的第四子明成祖朱棣。

从朱棣于永乐四年（一四〇六年）诏建并开始营建北京皇宫后，直到明末，营建工程可以说一直在陆续不断地进行。除去一般维修外，以工程量计，大体上可以分为四个时期。

一　永乐开创时期

这个时期，结合营建都城，将元故大都的南城墙南拓，并完成了北京城墙的修建，确定了整个皇宫的规模和座落。皇城的范围就是这一时期所规划并完成它的布局的。

整个工程分为两个阶段，前一阶段是备料，营建西宫；后一阶段是正式营建北京皇城和紫禁城，工程量最为浩大。北京紫禁城是在取得营建凤阳中都、南京两处宫殿的经验之后施工的，因而在规模和气派上，工艺精湛上虽逊于中都，但要比南京宏敞，而在布局上比中都、南京则更为完整。

紫禁城宫殿南北分为前朝和大内，东西分为三路纵列，中宫和东西六宫，形成众星拱月的布局，体现了封建统治阶级的最高营建法式。现存紫禁城故宫，基本上是永乐时期奠定的基础。

东西部御苑部分，既承袭了元代琼华岛部分，又营建了西宫（元隆福宫旧址，今中南海部分）和景山，改变了元朝三宫鼎立的格局。形成以紫禁城为中心，四周环绕西宫、南内、景山三处御苑，并圈于皇城内。同时在皇城兴建了各监、局、作、库等一整套供应皇家需要的机构。中国历代都城的建筑非常繁复，至少分为都城和宫城两重。到元代以后，禁区扩大，都城和皇宫之间，围以红墙，叫做“红门拦马墙”。明代吸收了元代规制，把红门拦马墙向东南方面扩展，形成后来的皇城。御用机构分布于各御苑与紫禁城之间，这样的双重宫禁，布局之工整，机构之繁多，充分体现了亿万之家供养皇帝一身的建筑主题。

永乐时期的建都和营造宫殿，是明代开国后继南京、凤阳后最大的一次全国性工程。四五十年内连续进行三次大规模营建，所耗用的财力、人力、物力可想而知。值得一提的是，皇宫中最大的建筑——金銮宝殿，在永乐十九年、即建成后仅仅九个月，竟然被一次雷火烧毁。这件事引起整个朝廷的震惊，当时再也无力进行重建了。朱棣只好下诏求“直言”。一位大官员邹缉上书，直指这次营建对民间的影响：

> 陛下肇建北京……凡二十年，工大费繁，调度甚广，冗员蚕食，耗费国储。工作之夫，动以为万，终岁供役，不得躬耕田亩以事力作，犹且征求无已，至伐桑枣以供薪，剥桑皮以为楮。加之官吏横征，日甚一日。如前岁买办颜料，本非土产，动科千百。民相率敛钞购之他所，大青一斤，价至万六千贯。及进纳又多留难，往复辗转当须二万贯钞，而不足供一柱之用。其后既遣官采之产地，而买办犹未止。盖缘工匠多派牟利，而不顾民艰至此。

这是一篇很有价值的言谏，把当时的皇家向民间横征暴敛记载得多么具体！不但如此，其中还提到强拆民房事宜：“自营建以来，工匠小人假托威势，驱迫移徙。号令方施，庐舍已坏。孤儿寡妇哭泣叫号，仓皇暴露，莫知所适。迁移甫定，又复驱令他徙，至有三、四迁徙不得息者。及其既去，而所空之地，经月逾时，工犹未及，此陛下所不知，而人民疾怨者也。”谏言中也提到官吏贪污之情景：“贪官污吏遍及内外，剥削及于骨髓。朝廷每遣一人，即是其人养活之计。虐取苦求，初无限量。有司承奉，唯恐不及。间有廉强自守，不干事媚者，辄肆谗毁，动得罪谴，无以自明。是以使者所在，有司公行货赂，剥下媚上有同交易，夫小民所积若何？而内外上下诛求如此。”在皇家大兴土木之际，民间疾苦又如何？“今山东、河南、山西、陕西水旱相仍，民至剥树皮掘草根以食。老幼流移，颠踣道路。货妻易子，以求苟活。而京师聚集僧道万余人，日耗廪米万余石，此夺民食而养无用也。”

这篇直言可以说是皇家营建的记述，也是当时社会政治、经济的一个缩影。但就是这样显然缩小了事实并大加修饰的奏语，也仍然被朱棣罪为“多斥时政”，而下令严禁。那些奉诏“直言”的大臣都下了狱。

二　正统完成时期

这个时期包括正统、景泰、天顺三朝。天顺是正统的复辟，都是朱祁镇作皇帝。景泰的七年是他弟弟朱祁钰当政。这一时期是明代开国后初步稳定和兴盛时期，国家的财力、物力较前有所丰裕。北京城建中如各城门的瓮城、天、地、日、月等坛是这个时期最后完成，皇宫也进行了大规模的兴建。史书记载说：（明北京都城和皇宫）始建于永乐年，实于正统朝完成。

三殿的重建，两宫的修缮，是这一时期的主要工程。朱祁镇一登极，第一件大政就是这件事。自正统元年（一四三六年）起到正统十年，一共花了十年时间。

值得提出的是，金銮宝殿重新建成后，它的典章制度第一次遭到了破坏，按照明代制度，“三殿”地区，无论上朝或宴会都有严格的封建等级的限制，宦官是无资格参加廷宴，至多只能以家奴身份执事而已。但正统皇帝把大权交给了宦官王振，一些官吏都望风伏地而拜！这次事件成为明朝宦官专权的起始，也是明朝转向衰落的重要原因之一。

这一时期由于聚敛较多，朱祁镇把营建重点放在御苑方面。前期修建了玉熙宫，大光明殿，后期则重建了南内（包括今南河沿、南池子一带），而南内在嘉靖、万历两朝拆建、改建工程频繁。

朱祁镇营建南内是有政治原因的。正统十四年，他在宦官王振操纵下，仿效他曾祖父朱棣的样子，亲自北征瓦剌部族，出动五十多万军队和扈从，以压倒优势，与只有两万多人马的瓦剌交战。但由于王振的极端腐败无能，在土木堡一战竟使明军全军溃败，连皇帝朱祁镇也被瓦剌首领也先所俘虏。当时全国一片震惊，为避也先提出的亡国条件，明政府只好另立郕王朱祁钰作了皇帝，因而使朱祁镇失去了政治价值。瓦剌也先勒索不成，在敲诈一大笔赎金后，把朱祁镇送还北京。从此，正统皇帝作为“大兄太上皇”被幽禁在南内翔凤殿。到景泰七年，乘朱祁钰患病之机，朱祁镇依靠一批心腹爪牙复辟，夺东华门进宫，重新作了皇帝。从此他便重新营建幽禁时住过的南内。据记载，这座南内离宫非常幽静华丽，亭台殿阁，林木繁茂。在重建时，又把通惠河（即南河沿这个河道）圈到红墙之内，筑有一座雕刻精致的飞虹桥。明、清笔记中说：石栏上雕刻水族形象极为生动，这座南内宫苑到明代下半叶一部分殿阁改为庙宇，清代的“马哈戛拉庙”即是其中一座殿宇，以后渐至荒废，现仅存皇史宬石室（明嘉靖所建）和织女桥这一地名了。

三　嘉靖扩建时期

嘉靖朝是盛明时期，是明代皇帝坐朝长的朝代之一。这一时期商业资本主义有所发展，现北京前三门外已形成繁盛的商业区，京都居民越来越稠密。由于治安上的需要，嘉靖二十三年加筑了外罗城。由于工程浩大，只筑成“包京城南面，转抱东、西角楼，”周围二十八里，共七门（即永定门、左、右安门、广渠门、广宁门——清代改为广安门，以及东、西便门），并在景山西建了一座大高玄殿。

这一时期的重点工程仍然是三大殿。这一朝的火灾最多，最大的一次是嘉靖三十六年（一五五七年）的三殿火灾，一直延烧到午门和左、右廊，“三殿十五门俱灾”。整个前朝化为瓦砾灰烬。从此陆续重建，到一五六二年才重新建成。第二次大火灾是西宫万寿宫，即永乐时期最早建成的西宫。起火原因是嘉靖皇帝喝醉了酒，与他宠幸的宫姬在寝室的貂帐里放焰火，结果把西宫烧光。当时他的大臣建议他回到大内乾清宫居住，但嘉靖皇帝执意不肯，临时迁到玉熙宫（今北京图书馆址），却催促火急重建万寿宫，要在几个月内抢在三殿之前完工。三殿工程只好停了下来。西宫重建之后，更加豪华壮丽，成了一座自成一体的宫殿建筑群。正殿是万寿宫，后寝为寿源宫，东边四宫是万春、万和、万华、万宁；西边四宫为仙禧、仙乐、仙安、仙明，依然是三路纵列，地点大致在现在中海西侧一带。

嘉靖朝所建造的坛庙最多。这位皇帝极为迷信道教。嘉靖的父亲兴献王、封地在湖北钟祥县，信道教，著有《含春堂稿》，讲太极阴阳五行。北京的道教庙宇大都是在嘉靖朝所修建或重建。但其中最大的道庙如大高玄殿、大光明殿、太素殿都遭受过火灾。这真是绝妙的讽刺！三清、天尊之流原来也是自身难保！嘉靖皇帝却一味迷信道士，为了供养一个陶道士，克期修庙，大兴土木。明人陈继儒《宝颜堂秘笈》记述明中叶嘉靖重建三殿时说："今日三殿二楼十五门俱灾，其木石砖瓦，皆二十年搬运进皇城之物……当时起造宫殿王长寿等十万几千人，佐工者何止百万。"看来每一次工程，劳动力都要百万以上，其中包括值班军在内。按规定是军三民七之例（见《闲述》），技术工匠有轮班匠，由各省抽调，三年一役，一役三月，常住北京的工人叫住坐匠，一个月服役一旬（见《明会典》），住坐匠每月发银六钱（《明史·食货志》）。还有民夫，由全国分派，按田地出夫（见《明太祖实录》）。洪武二十六年，开凿一次河道调民夫六十万（见《国朝列卿传记·严震卿直传》），此外还有违犯封建法律制度的囚犯供役之法。据《明会典》，囚犯死了还要囚犯家人补役。据《严震卿传》：当震卿改造学宫，工程指挥李熙，由于役徒死了四万，要原户出人补足。明英宗正统二年，有放遣休息的三千七百余人，令刻期使自来赴工，结果有三千人不赴工，以示反抗。明中叶嘉靖朝大兴土木，又由于班军避役，不按时到班，要输银一两二钱，雇人代替，称为包工，因而官书里又有输班之名。明代雇工之例自此始（《明世宗实录》）。这是明代末年到清代初年出现包工、官木厂之先声，也是资本主义商业在建筑领域里的滥觞。

嘉靖皇帝大约有二十多年不住紫禁城大内，执意住在西宫，并大肆修造御苑，这是有政治背景的。嘉靖二十一年（一五四二年）紫禁城发生了一次重要的宫廷事件。当时宫女们不堪忍受嘉靖皇帝的昏庸暴虐，杨金英等数位宫婢乘嘉靖在乾清宫酒醉昏睡的时候，决心将他勒死。由于宫女气力薄弱，系的绳子又不是死扣，嘉靖竟没有死，被皇后赶来把他救活了。嘉靖大为震怒，在宫内开始了狂虐的屠杀，含冤致死者一百多人。据《万历野获编》载，嘉靖从此整日担惊害怕，不敢住大内，只好住在西宫，乞灵于道教，“斋醮无虚日”。

四　明末衰落时期

从万历朝至明亡，经“嘉（靖）、隆（庆）、万（历）”的“盛世”，衰亡迹象越加明显。官僚集团的腐朽，宦官外戚的干政，东北满族的兴起，各地农民起义蜂起不断……这些都造成明帝国岌岌可危的局势。明政府仍然进行无穷尽的横征暴敛，却已无力再进行大规模的兴建了。万历二十五年（一五九七年），三殿又发生了一次火灾。万历四十三年（一六一五年）才开始兴建，直到天启七年（一六二七年）才完成。万历、天启重建的三大殿，体量较永乐初建时似有偏低，与三台高度有不协调之感。从现存的明初旧构太庙殿与台明比例，一望可知。或是万历、天启时人力物力所致，巨大木材已不易得，是其关键。再一个可能是清代康熙初年兴建太和殿时营建成现在体量。从此更是每况愈下，只能进行小规模的维修了。像主要建筑琼华岛上的广寒殿，在万历七年（一五七九年）倒坍之后，再也无力重建了（现在的白塔是清顺治朝所建）。嘉靖所建的西宫也已荒芜，有的殿堂倒坍后只余房基。又如西宫的大光明殿和南内的延禧宫烧毁后也再没有重建，甚至南内飞虹桥石栏已坏，虽经补刻，也终不及原来的精巧了。

（选自《故宫札记》）

明代北京皇城

在唐宋时期，都城内的皇城指皇宫的墙垣。但皇城里面仍有外朝、大内之分。所谓大内，就是皇帝居住的宫殿。这种规制到了元代有所发展。元大都的皇宫本是三宫（即大内、隆福宫、兴圣宫）鼎立的布置。在三宫和太液池外再加筑一道红墙围绕起来，这就是皇城。从此，皇城和宫城就有所区别。皇城城墙也称为萧城，俗称红门拦马墙，顾名思义，宫禁之内严禁骑马。实际上是把皇宫禁区扩大，多增加了一层防卫圈。元皇城把三宫组成一个整体，因为大内的大明宫处在中轴线上，它便成了整个皇城的主体，又称紫禁城。

明代吸收了元代的规制。又有进一步的发展，随着北京南城城墙的南移，皇城和紫禁城也向南伸延了一里左右，并使皇城又向东、北两方向外开拓，改变了元皇城偏西的局面而使重心东移，不仅扩大了皇城的范围，也突出了紫禁城居中的地位。明初还在皇城北部兴建了万岁山，因为明中都宫殿之后有万岁山而沿袭到北京。而后又在皇城东南兴建了重华宫（即南内，在今南池子一带）。这样，西宫、西苑、南内、景山，犹如众星拱月一般，把紫禁城拱卫突出来。

皇城城墙系砖砌，抹以朱泥，上覆黄琉璃瓦。北京故老赞美北京风貌爱用“红墙绿树，金砖琉璃瓦”之称，这红墙即指皇城城墙。皇城城墙在明清两代都是两重，所谓外皇城和内皇城。

外皇城有四个门：南为承天门（清代称天安门），东为东安门（在今东华门大街和南河沿交口处），西为西安门（在今西安门大街中段、一九五〇年毁于大火），北为北安门（清代称地安门）。承天门在明初建时大致应与北安、东安、西安门相似，不及今日之天安门高大雄伟。天安门有四个华表，北面两个华表，紧靠城门，是廓建天安门时所形成，其北为端门、紫禁城午门，相距较近，故不能突出承天门。估计改建成今日之状，可能是明代宪宗朝成化元年三月（见《宪宗实录》）。北安、东安、西安门都是单檐。红墙即以这四个门为中心而伸展，唯缺西南一角。

内皇城在筒子河外围，一方面在紫禁城和各离宫间起隔离作用，另一方面又使紫禁城和皇城之间增加一道防线。内皇城南起太庙和社稷坛墙，东、西、北三面各辟三门，即北上门、北上东门、北上西门、东上门、东上北门、东上南门、西上门、西上北门、西上南门。除此以外，在内外皇城的相对城门之间，再增筑一个城门。如东上门和东安门之间，有一个东中门，西安门和西上门之间有一个西中门。由于北安门和北上门之间相隔一个景山，所以北中门设在景山之后，在今地安门大街南端的丁字路口处。

皇城以内属于禁区，除各宫苑外，还分布数十个御用机构，分属内府十二监（即司礼监、御用监、内官监、御马监、司设监、尚宝监、神宫监、尚膳监、尚衣监、印绶监、直殿监、都知监）、四司（即惜薪司、宝钞司、钟鼓司、混堂司）、八局（即兵仗局、巾帽局、计工局、内织染局、酒醋面局、司苑局、浣衣局、银作局）。此外还有库（如西什库，即皇城西北之十座库）、房（如御酒房、甜食房、更鼓房、绦作房……）以及由内库各监所属的作坊（如大石作、盔头作……）。举凡皇宫所需，从衣食住行到生老病死，全都包括在内。为此，皇城设立了极其森严的警卫。外皇城周围有“红铺”七十二座，即禁军的岗哨据点；内皇城外又设“红铺”三十六座。每座红铺由十名军士组成。入夜，这些军士递次巡更，手持铜铃，“一一摇振，环城巡警”。皇城地区，不仅严禁百姓入内，就连宫内太监也不准“犯夜”。层层城墙和道道城门，与其说是为了表示皇家的尊严，勿宁说是为了防御和警戒，这也是封建社会阶级矛盾尖锐的一种反映。

皇城的防御性，突出表现在南北两端，这就是前面的宫廷广场——千步廊和景山后面内皇城构成的封闭区——雁翅楼。

千步廊是皇宫“御路”旁的廊房建筑。《唐两京城坊考》中记载，唐代东西两京的长安、洛阳宫城都有千步廊。长安皇宫中的千步廊有两个，一东皇城西北隅有东西廊，东北隅有南北廊，参照《古长安复原图》可以发现，皇宫靠北城墙，西北隅的东西千步廊为横向，是通往北城墙各门的通道；而东北隅则靠近北部的大明宫，因而廊房为纵向。如此看来，廊房是为了交通、警卫以及仪仗而设。元大都则把千步廊设于紫禁城大门之外，位于“国门”通道。这是一个发展。从丽正门（在今长安街）到崇天门（皇城正门，今之太和殿址）大约有七百步，这样长的一条大道，用两列廊房夹束起来，既免于空旷之感，又增加了森严气氛。

明代千步廊又比元代有所发展，把千步廊南移到正阳门到承天门

（今天安门）之间，长达一里多地。它既是国门前的御路，又是宫廷前的广场。为了突出皇宫的尊严，用两道红墙把五府、六部隔在墙外，南端筑一道皇城的外门——大明门，红墙之内分筑两列廊房，各一百一十间。到长安街南侧再随红墙分向东西方向延伸，两旁又各有朝北的廊房三十四间，东西尽头是东、西长安门。于是在皇城大门之前，形成一个T字形的禁区。到明正统朝，在东、西长安门外再各筑一道南向的大门，称东、西公生门，是五府、六部通往皇宫的便门。清代乾隆朝，又在东、西长安门外加筑东、西三座门（东至今南池子南口，西至今南长街南口）。这样就把T形广场的两翼延伸得更远一些，使禁区范围更加扩大了。长安街本来是北京内城唯一直通东西城的纬线，而它的中段却被禁区阻断，因此，辛亥革命前，北京东城和西城间的交通非常不便，必须往南绕行前三门，或往北绕行地安门外。明清两代一直如此。

这一T形凸字广场，是皇城前的警卫地带，也是禁军排列仪仗的地区。这条森严而狭长的石路到承天门前，突然向左右展开，在金水河上五座玉石栏杆的金水桥和两座华表、石狮的衬托下，更显得承天门的雄伟、壮丽。这在建筑上是一种“蓄势”手法。这样长的御道不可能使用屏障，又不能感到空旷或造成曲折，于是用夹峙的廊房造成深邃悠远之感，然后豁然开朗，使主体脱颖而出。宫廷建筑的“九重宫禁”的气势就是这样形成的。在一条平直深远的大道上，通过重重宫门和两旁建筑物的开阖伸缩、起伏跌宕，以烘托气势，形成一个又一个的“高潮”，使主体建筑更显得气魄雄伟、端庄。这些手法最后归结为一个目的，就是突出“皇权至上”这一主题。

明清两代的宫廷广场，都为封建皇朝发挥了具体的统治作用。凡皇帝发布的重要文告，要由承天门上用彩凤形状的饰物衔下，由各部官员在下承接。西长安门内千步廊拐角处，每年霜降节举行“朝审”仪式。由吏部、刑部、都察院联合判决“重囚”的死刑。经过判决的死囚，押出西长安门赴刑场，因而西长安门在民间被称作“虎门”。东长安门内千步廊拐角处，是礼部复查会试（科举考试最高一级）试卷的地方。举子经殿试以后公布的“黄榜”就是悬挂在承天门前的。考中的进士从这里集结看榜后，走出东长安门。因此，东长安门又称为“龙门”或“生门”。考中会试被称作“登龙门”，即来源于此。从千步廊举行这两种仪式看，分明是封建王朝的统治手段，从此也可看出，作为建筑的“法式”，是有鲜明的政治内容的。

景山是从明代永乐十五年以后出现的，俗称煤山。其实下边并没有煤。明代记载中只说它是“土渣堆筑而成”。一九六三年钻探证明，景山下埋的全是瓦砾和渣土。这是明永乐朝建紫禁城拆除元大内时所堆积的建筑垃圾。一说上面覆盖的土层是开挖紫禁城护城河的土，在上面建筑亭阁。现在景山的五个亭子，为乾隆初年所建，《乾隆京城全图》上尚不见此五亭，图绘于乾隆十四五年间。

这个人工土山高达一一·六丈，面积有二十二万五千多平方米，恰在北京内城中心。明代称它为“镇山”。从整体宫殿群空间组合的艺术看，实际上是宫廷之屏障。

从建筑效果看，景山的建立，使北京中心增加了立体感，它像一座绿色的屏风，矗立在紫禁城后面，形成“后靠”，而使整个皇宫处在背风向阳的前方；同时也屏障住皇城背后喧嚣的闹市，使这一带形成异常清幽的环境。景山上下遍植松柏槐树木。明代称槐为“国槐”。由于树木繁盛，加之景山南面临筒子河水面，所以这一带的小气候比之城内其他地方为好。明代的景山顶上，并无亭台（现在山顶上五座对称形式的亭台乃清代乾隆时所建，但乾隆十四五年间绘的《乾隆京城全图》上尚不见此五亭），估计明代是错落有致地把楼台殿阁分建于景山前后，朱栏玉砌掩映于林木之间：“山上树木葱郁，鹤鹿成群，呦呦之鸣与在阴之和互相响答”。主要建筑有寿皇殿（明代皇帝死后停放灵柩的地方，清代为收藏帝后影像和节日奠祭的殿宇）、毓秀馆、育芳亭、永禧阁、永寿殿、观花殿、集芳亭（花圃）。可以说，景山是一座带有山林气息的宫廷御苑。

景山和紫禁城之间，本来有一道内皇城隔开（北上门在一九五三年前后拆除），但这道内皇城城墙在景山两旁又向北加筑了一个凸字形，到景山背后再顺中轴线往北伸展，直达地安门，依然是一个T字形广场。这两列红墙中部，开辟了东西皇华门（东皇华门现名黄化门，现尚有遗址可寻）。这两座门迤南，沿红墙筑有两列楼房式建筑，称作“雁翅楼”。门迤北还有两座对峙楼房（其中路西一座仍保存，现为人民银行）。这个地带，在雁翅楼夹峙下，中轴线再向北部延伸，越过地安门，直通鼓楼前的“后市”，最后越过钟、鼓二楼之间的广场，消失在万家民舍之中。景山是这条中轴线上最后一个“高峰”，但并未挡住这条中轴线的气势，只有在穿过地安门后，才一变宫廷殿堂的豪华和庄严之气而回到“人间”。就在这“天上人间”交界处，仍然有一道森严的雁翅楼禁锢地带，在这个不长的地带上，却有五重门禁（景山后门、北中门、地安门、东、西皇华门）。

明代皇城前后，处处戒备森严，警卫严密，以保证紫禁城皇帝居所的绝对安全。到了清代，这些门名已不再保持明代之旧了。

（选自《故宫札记》）

清代改变明宫对称格局

明永乐初兴建北京宫殿，其整体规划布局由于没有蓝图留存，只是在《实录》、《会典》各书中得知大概。而上述各书所记也是重于三殿两宫和东西六宫。多年来我们曾对多种文献，包括官修书和私人笔记进行研究，得出修建这些宫殿主要是在明嘉靖万历两朝。这两朝皇帝在位日久，建筑活动较繁。如嘉靖时重建三殿、万历重建两宫则是中轴线地区工程中之大者。因为中轴线宫殿都是象征政权的建筑。

至于中轴线以外东西两路变动实多，而无永乐时代的原样可以参比，且明代北京皇宫建筑群也不是永乐一朝建设完备，明代实录中记载正统年间还在经营。今日考订明代宫殿全部布局留给清王朝者，实际是明末万历天启的格局。我们研讨明清皇宫建筑之变化，亦只能以这个时期状况来对比。因此有《明代宫苑考》资料和纸上作业的复原图。

清代继续使用明代宫殿，在中轴线上的建筑，其位置布局一如明代中后期一样，都是重建复原。在个别殿堂的外形上，虽有改作，但位置布局则均未变。在本文中所谈的变化是指具有改变中国传统的左右对称格局和削弱艺术性的变动，即习称的外东路外西路的变化，详见《明代宫苑考》稿中。

我国建筑多由多座单体建筑组合成为建筑群。庄严殿堂群习惯上是左右对称，而花园性质的建筑则采用左右均衡的手法，以表现园林的灵活艺术性。如故宫外朝内廷宫殿都是严肃地保持对称。三大殿左右有造型相同的文楼武楼和相对的门廊，名称也采用相对的。如左翼门，右翼门；中左门，中右门……内廷也是一样，如两宫左右对称连檐通脊的朝房，有懋勤殿、端凝殿及日精门，月华门；龙光门，凤彩门……东西六宫同样格局左右对称。屋面形式也严守相同规格，这都能在平面图上表现出来。

通过东西六宫之后，有乾东五所、乾西五所，这就是老百姓习称的三宫六院区。乾西五所只有第四所存在。前者是清朝居住养心殿比连西六宫，为了游幸的方便，将翊坤宫改成穿堂殿，储秀门改成穿堂殿。东六宫的钟粹门则加盖垂花门，这都是清代皇帝对于明代建筑传统的无知，只图自己生活上的便利，而出现的现象。乾东西五所在乾隆时西五所已完全破坏，在平面图上只有东五所。出现这个局面的原因是本来在明代修建之初，东西五所是为皇子皇孙居住之处，与东西六宫居住妃嫔相同。所以乾东五所大门额题千婴门，而西五所题百子门。

清代乾隆皇帝在为皇子时，曾居住西五所的头二所，继承了宝座后不愿子孙再居此所，以防止产生觊觎大宝之心。因此改头二所为重华宫、崇敬殿为其憩游之地。西四五所改为西花园，遂将东西五所左右对称之格局破坏。

在造型艺术方面，将太和殿保和殿的左右斜廊改为斜墙。太和殿左右朝房后檐改为封护檐。这是清代康熙年间事。清代工部黄册记载，在康熙十一年还有修理斜廊工程。康熙十八年太和殿为火所烧，康熙三十四年修斜廊时才改成斜墙。将廊庑相貌由玲珑秀丽的造型，变为呆板的山墙，艺术为之减色。但它的好处是可以防止火灾联成一片，明代几次大火都是周围廊庑一时俱焚。太和殿原为九间，廊子改成山墙，东西尽头各多一小间。清代谓之夹室，见于《清宫史》。

（选自《故宫史话》）

二　故宫的建筑

紫禁城七说

一　紫禁城之大

一九七七年国庆前夕，一架银色的直升机经特别批准，在超低空摄取了一张天安门广场的全景。从这张照片上可以看到一条清晰的中轴线向北延伸，一直通到鼓楼和钟楼。在天安门北侧，无数座瑰丽的宫殿，宛如宝石砌成的沙盘。这就是举世闻名的紫禁城——北京故宫。这张照片，是迄今最完整的天安门广场和北京故宫的鸟瞰图像。

我们伟大祖国的首都北京，已经有八个世纪的建都历史了。自从封建社会的中叶——十二世纪起，我国的政治、文化中心，就已经从西安、洛阳、开封以至南京逐渐移到北京。因此，在北京的古迹、文物，尤其是作为都城的象征——宫殿建筑，不仅在全国居于首位，而且和世界各国著名都城的皇宫相比，也占有突出的地位。

法国巴黎的卢浮宫，十五世纪本来是一座城堡，自一五四一年改建成皇宫，历经路易十四、拿破仑，二百多年当中经过四次改建，一度成为欧洲政治、文化中心。它和北京故宫相比，建筑面积尚不到紫禁城面积的四分之一。

鼎鼎大名的凡尔赛宫，相当于北京近郊的颐和园（欧洲称它为夏宫 Summer palace），但凡尔赛宫面积尚不及颐和园的十分之一。

俄罗斯的彼得堡冬宫，一七六四年建成后，又于一八三七年遭受火灾，当年重建成目前的形状，它的建筑面积约为一万七千八百平方米，相当于紫禁城的九分之一。

莫斯科的克里姆林宫，号称欧洲最大的宫城，初建时相当于当时莫斯科的四分之一。但和北京紫禁城比，面积尚不足一半。

英国的白金汉宫，一七〇三年由白金汉公爵乔治·费尔特兴建，一八二五年由英王乔治四世扩建。一八三七年维多利亚女皇移居这里以后，基本维持现状。它的建筑面积相当紫禁城的十分之一。宫内最豪华的御座间（英王坐朝的宫殿）约六百平方米，但北京的太和殿则为一千七百平方米。

日本东京的皇宫，自明治六年起火后，转年重建，全部面积（包括御苑部分）相当三百三十华亩，合二十一万七千多平方米，尚不及故宫的三分之一。

北京故宫，除去十二世纪金、元两代遗留下来的琼华岛御苑部分不计外，仅就现存的明永乐十八年（一四二〇年）建成的紫禁城计算，它占地七十二万多平方米，合一千零八十七华亩，建筑面积约十七万平方米，经过多年坍塌，现实存十五万多平方米。

北京故宫，虽然在明、清两代一直不断的营建、重建、改建、扩建，但它的基本规模仍然是明永乐时期所确定的，至今仍能在紫禁城中看到许多五个世纪以前的古建筑。

在世界闻名的古国中，巴比伦的宫殿早已无存，所谓世界七大奇观的“空中花园”宫殿也只是在文学记载中有所描述，古希腊、罗马的宫殿已只剩下废墟，埃及、印度中世纪前的宫殿也已非原貌或全貌了。但北京的故宫却在近五个世纪当中延续不断地保存下来。可以毫不夸张地说，北京故宫在世界著名皇宫中是历史最悠久、建筑面积最大、保存最完整的一座封建皇朝皇宫。

二　位置

元大都宫殿原分为三区，中为太液池，东为大内宫殿，其西为西苑，即隆福、兴圣等宫。明清故宫紫禁城即建在元代大内宫殿的废墟上。但过去多年来，也有人认为紫禁城是建在元大内遗址之东里许的，主要是他们误解了明末清初人孙承泽所著《春明梦余录》中的一段记载：

> 明太宗永乐十四年，车驾巡幸北京，因议建宫城。初燕邸因元故宫，即今之西苑，开朝门于前。元人重佛，朝门外有慈恩寺，即今之射所。东为灰厂，中有夹道，故皇城西南一角独缺。太宗登极后，即故宫建奉天殿，以备巡幸受朝。至十五年，改建皇城于东，去旧宫可一里许，悉如金陵之制。

最大的误解是错把这段文字中的“旧宫”当作元大内。其实，这段文字所称旧宫，实指西苑燕邸元故宫，即洪武初年朱棣被封为燕王时居住的元代西苑隆福、兴圣等宫，当时称燕王府，在太液池西（即今文津街北京图书馆、北大附属医院及迤南一带），并不是指太液池东的元大内宫殿。

这段文字所说：“太宗登极后，即故宫建奉天殿，以备巡幸受朝”，讲的是朱元璋死后，朱棣推翻建文帝，在南京登极，将旧北平府升为北京后，改建旧燕王府的事。这事，在《大明会典》中，也有记载：

> 永乐十四年八月作西宫。初上至北京，仍御旧宫，及是将撤而新之，乃命作西宫为视朝之所，中为奉天殿。殿之侧为左右二殿。奉天殿之南为午门，午门之南为承天门……”

对照《春明梦余录》来看，就很清楚：朱棣登极后初到北京，仍住燕王府，也即西苑元故宫的燕邸旧宫。朱棣既已称帝，以封建王朝规制衡之，朱棣在北京若无皇帝之宫殿，仍以旧燕王府为帝居，将何以告天下？朱棣又何以自解？为了正名，朱棣因此“乃命作西宫”，改建燕王府，“即故宫建奉天殿”，亦即在燕王府宫殿上冠以奉天殿等额名，作为他来北京巡幸时的皇帝宫殿。所以称作“西宫”，系对照当时选定在太液池东元大内旧址上修建但尚未完成的紫禁城而言。

《春明梦余录》中所说：“至十五年，改建皇城于东，去旧宫可一里许，悉如金陵之制”。这里称旧宫，即指西苑燕王府，而不是元大内。“建宫城……悉如金陵之制”，即指新建明宫紫禁城。也就是说，明宫紫禁城在旧燕王府以东一里许，原太液池东元大内旧址上。

如果误解所称旧宫是元朝大内，这样就出现了紫禁城不是建在元大内旧址上，而是在元大内旧址之东里许。果真如此，则现存的故宫就要建在今北京市东四牌楼一带了。

明宫建在元大内旧址上，还可以从勘探考古得到证实。从勘探故宫武英殿、文华殿地区发现，地下有水草、螺蛳，说明这是元大内崇天门外的外金水河。原来在维修故宫建筑施工时，也曾从地下发现元代宫殿砖瓦、石条以及元宫中浴室下层基础（石板、石池和流水洞口）。一九六四年中国科学院考古所徐苹芳同志，曾以考古科学钻探技术鉴定元代大都中轴线的位置。从他们的勘探报告得知，他们从现存北京钟鼓楼西的旧鼓楼大街向南，越什刹海、地安门西恭俭胡同一带到景山西门至陟山门大街一线上，按东西方向由北向南排探过六条探卡，均未发现元代路基土，然后他们往东在今地安门大街上钻探，结果，在景山北墙外探出东西宽约二十八米的大街路基一段，在景山寿皇殿前探出大型建筑物基址，又在景山北麓下探出元代路基，证实从鼓楼到景山的大街就是元大都南北中轴线大街，而与今天地安门南北大街是重合的，寿皇殿前的基址正是元宫城北门厚载门的基址。这就完全证实明代北京城的中轴线就是元大都中轴线，元大内就建在这条中轴线上，明宫紫禁城又建在元大内旧址上。

三　蓝图

《大明太宗文皇帝实录》中记载说：永乐初年建北京都城宫殿时，是以南京宫殿为蓝图的，且“宏敞过之”。而明代南京皇城又在很大程度上是以凤阳中都皇宫的规模和体制为蓝图营建的。

洪武初年，明太祖朱元璋决定在他老家安徽临濠（今凤阳）建都，盖宫殿，动员全国人力，先后盖了六年，在接近完工时，朱元璋又下令停工，在洪武十一年重新回过头来扩建南京都城宫殿，也大体循凤阳之旧，只是因为地形环境和凤阳不一样，不能不有所改变，如凤阳皇宫有正门承天门，有午门、东西华门，南京皇宫也建了这些门，而规模都小于凤阳。

凤阳中都停建拆毁后，用主殿的材料建了一座龙兴寺，其余的宫殿，经过战乱，汉白玉石构件砖料等都已散失，一些宫殿的柱础还在。从考古及文献著述看，无论在宫殿布局、名称以及规格上，中都宫殿与北京故宫比较，都有惊人的相似之处，尤其是北京故宫午门到三殿这一坐朝地区，基本上和凤阳宫殿的“外朝”吻合。所以，准确地说，明代北京皇宫建筑，应该是以凤阳宫殿为蓝图。北京宫殿对比南京宫殿来说，确实“宏敞过之”，但比起中都，却未必过之，某些地方还不如中都华丽。比如凤阳中都午门犹存的两观须弥石座还剩有四百八十五米，满雕花纹，而南京、北京午门石座都是素面汉白玉的。中都遗存的其他石雕、砖雕及各色琉璃也均有一些。石雕图案不像北京全以龙凤为题材，而是丰富多彩的，有龙、有凤、有更多的方胜、麒麟、双狮、梅花鹿、牡丹花、卷草、宝相花……雕刻手法都显示出宋、元风格。中都琉璃瓦件，是磁土胎，北京故宫用坩子土胎。中都琉璃瓦有多种釉色，袭元代大都宫殿之风，有黄色、蓝色、绿色、天青色、粉红色。而故宫瓦主要用黄色，另有少量绿色、黑色。中都瓦当有飞龙盘舞、彩凤飞翔，既多彩又活泼生动，故宫则花样少些。

又如柱础，凤阳明宫的柱础比故宫三大殿的柱础大得多，如中都最大的金銮殿石柱础有二・七米见方，雕有游龙，而北京故宫最大的太和殿柱础才只有一・六米，未雕游龙，这些都是故宫比不了中都的。

中都宫殿是总结前几代建筑群的经验加以发展而成的。例如，太庙和社稷坛，《考工记》说“左祖右社”，一般都城就把它们放在两边，但都不如北京紧凑。北京就放在紫禁城前、天安门内的东西侧。元大都的太庙甚至远远修在今东单一带，而明中都的太庙、社稷则修在宫殿左右，北京的做法实际也是效法中都的，这是中都在布局上的发展之一。

紫禁城在布局上以中都为蓝图之处颇多，如明中都宫殿在万岁山之南，北京故宫之后亦筑土山，名为万岁，后称景山。中都故宫左右有日精山、月华山，均为小山。北京皇宫左右无山，而在宫中置日精门、月华门以比之，等等。

中国历史上，明王朝是权力高度集中的，在宫殿、布局、用材等方面都有表现。比如朱元璋时，宫殿瓦还可以用多色，到明成祖朱棣建北京都城及皇宫时，就进一步规定皇帝专用明黄瓦了。所以，故宫与洪武时又不同，是一片黄顶了。故宫彩画上用的金也比过去多得多。

通过这些，可知明代建北京故宫，不是以南京而是以中都为蓝图的。它的布局是封建社会后期皇权高度集中的反映。

四 始建时间

故宫开始兴建的时间，《大明太宗文皇帝实录》和《明史》均写永乐四年（一四〇六年）下诏，以此年兴建北京宫殿，而实录中又有在永乐十八年（一四二〇年）完工、及十五年至十八年宫殿完成的记载。因之多数谈故宫兴建时间的文章均以此条为依据，甚至有明文确指出十五年始破土兴工的。我在半个世纪前根据文献研究，即一直认为应从永乐四年下诏书为开始兴建故宫的时间。

元大都宫殿除朱棣以西宫隆福宫一带为燕王府外，太液池以东大内宫殿在洪武初年破元大都时，并未拆毁。也有洪武元年即拆毁元宫殿的说法，这是误解了萧洵所写《故宫遗录》中的话，后人即据以为朱元璋取元大都后即拆除了元宫殿。我经考订，则假定元故宫拆毁时间为洪武十三四年之后。因为在这时间之前，在北京做过官的刘菘和宋纳过元故宫时，都有咏元宫的诗。这个时间如能确定，则元大内宫殿从洪武十三四年以后长期是断壁残垣。朱棣登基后在永乐四年下诏兴建宫殿，是建在元大内宫殿废墟上。首先是规划、备料，这在以下文献上有材料：

《明史·陈珪传》：“永乐四年，董建北京宫殿，经画有条理，甚见奖重”。又载：“泰宁侯陈珪董建北京，柳升、王通副之”。

《明史·师逵传》："成祖即位，永乐四年建北京宫殿，分遣大臣出采木。逵往湖湘，以十万人众入山辟道路，召商贾军役得贸易以办，然颇严刻，民不堪，多从李法良为乱。"

《明史·古朴传》："成祖即位，营造北京，命采木江西。"

《明史·刘观传》："永乐四年，北京营造宫室，观奉命采木浙江。"

《明史·宋礼传》："初帝将营北京，命取材川蜀。礼伐山通道，奏言得大木数株，皆寻丈，一夕自出谷中，抵山上，声如雷，不偃一草。朝廷以为瑞"。

《昭代典则》："永乐乙酉三年，改黄福为北京刑部尚书、宋礼工部尚书。左都御史陈瑛劾福不恤工匠……以礼为工部。时营北京，取材川蜀，伐山通道，深入险阻，文皇下敕，嘉其劳绩"。

《昭代典则》："永乐四年七月，文武群臣请建北京宫殿"。

《永乐实录》（即《大明文宗文皇帝实录》）："明永乐四年闰七月，淇国公丘福等请建北京宫殿，以备巡幸。遣工部尚书宋礼诣四川，吏部左侍郎师逵诣湖广，户部左侍郎古朴诣江西，督军伐木……泰宁侯陈珪、北京刑部侍郎张思恭，督军民匠作在京诸匠造备砖瓦"。

《永乐实录》："永乐四年闰七月，命泰宁侯陈珪、北京刑部侍郎张思恭，督军民匠造砖瓦，人月给米五斗"。

《永乐实录》："永乐四年闰七月，命工部征天下诸色匠，在京诸术及河南、山东、陕西都司、直隶各卫选军士，河南、山东、陕西等布政司、直隶、凤阳、淮安、扬州、庐州、安庆、徐州、海州选民丁，期明年五月俱赴北京听役"。

《永乐实录》："永乐六年四月，命户部尚书夏原吉自南京抵北京，缘河巡视军民运木烧砖"。

《永乐实录》："永乐六年十月，给北京营造军民夫匠衣鞋，工匠胖袄”。

《永乐实录》："永乐八年正月，皇太子谕工部侍郎陈寿：扬州、淮安……小灾之处，在京应役者，罢遣还家"。

《永乐实录》："永乐九年正月，刑科给事中耿通言，旧制轮班匠役即还"。

《明典汇·大明会典》："永乐四年闰七月，建北京宫殿"。

《天府广记》："北京宫殿、城池、官署，创建于永乐四年，而造成于正统六年。此营造之大者，故悉录之"。

上引各条文献资料说明，永乐四年下诏以明年五月兴建北京宫殿，实际并未等到五年开始，下诏的同年即令陈珪主其事，进行经画，随后即派员外出筹备建筑材料。四年六月又下诏征集天下各色工匠集中北京，当然不能闲置到永乐十四五年始应役动工。根据前引有关采木烧砖，集中工匠各条文献，应说是永乐四年下诏之年，工程即已开始进行。在《永乐实录》中载有永乐十五年至十八年宫殿完成的记录。这段记录为：

> 永乐十八年癸亥。初营建北京，凡庙社郊祀坛场宫殿门阙规制，悉如南京，而高敞过之。
>
> 复于皇城东南建皇太孙宫，东门外东南建十王邸，通为屋八仟三百五十楹。自永乐十五年六月兴工至是成。升营缮清吏司蔡信为工部右侍郎，营缮所副吴福庆等七员为所正，杨青等六员为所副，以木瓦匠金珩等二十三人为所丞，赐督工及文武官员及军民夫匠钞、胡椒、苏木各有差。

实录所记是全部宫殿王邸完成之后的总结语，所称“初营建北京”，应是永乐四五年时。明代北京宫殿建造时间是永乐四年至永乐十八年，若都是永乐十五年开始，则前面的“初”字就不好解释了。古书多无分段标点，因有此误解。

明人陈继儒《宝颜堂秘笈见闻》卷八记嘉靖丁巳岁四月皇宫大火事，对清理火焦非岁月可计，并举永乐十九年三殿火灾事曰：

> 永乐十九年辛丑三殿灾，迟之二十一年至正统六年辛酉方完之。仁宗、宣宗、英宗三朝即位时，皆未有殿。今日三殿二楼十五门俱灾，其木石砖瓦皆廿年搬运进皇城之物，今十余日，岂能搬出？

从陈继儒所见闻，明代各宫修建决非永乐十五年至十八年即能完成。三殿烧毁，竟至三朝继位皇帝都没有能坐上金銮殿，若定永乐四年下诏即进行修建皇宫，在永乐十八年建成，已是高速度了。

以工程量计之，亦非永乐十五年到十八年仅三年时间即能完成。古代建筑劳动力、工种大约分为瓦、木、扎、石、土、油漆、彩画、裱糊。古代工程之书，有八百年前北宋时代李明仲《营造法式》、三百年前的《清代工程做法》，当时所使用的各种建筑材料、工艺技术、施工程序，不能像现代使用器材工具机械化生产那样，可以流水作业。数百年前都是手工业，直到现在维修古建筑，欲求其复原，对于传统手工艺的工艺流程有的仍要保持。当日参与施工的各工种技师，有人估计为十万。辅助工为一百万，亦无各工同时并举，流水作业之可能。故宫上万间木结构房屋所用木材共有若仟立方米，熟于古建操作之匠人约略估计也为之咋舌。原来从深山伐下的荒料大树，经过人工大锯，去其标皮，成为圆木，或再由圆木变成方材，柱梁檩枋均刻榫卯，尺七方砖、城砖等均要经砍磨。今日维修古建工具已新异，每日一人亦只能砍磨成十块，从数万到数千万治砖过程，亦非短时间能完成。故宫地基均属满堂红夯土基，深一般达二米多，古代之三合土夯基，其坚硬经镐锹亦难削其平。屋面苫背覆瓦，梁柱油漆彩画俱有晾活之序，衡之古代工程专书所定量工之数推之，也绝非仅用三年时间即能蒇事的。

五 建筑用料

故宫近万间宫殿房屋，都是中国独具的建筑体系木骨架结构。它使用的木材，从现有的资料看，明代建筑是以川、广、闽、浙所产的楠木为主要木骨架，经常设有采木官，遇到大的营造，临时再加派一、二品大员总理采木事宜。到了清代顺治朝和康熙朝初年，也还是向南方采办楠木。如《康熙实录》载："康熙二十一年九月，以兴建太和殿，命刑部郎中洪尼喀往江南、江西，吏部郎中昆笃往浙江、福建，工部郎中龚爱往广东、广西，工部郎中图鼐往湖、广，户部郎中齐穑往四川采办楠木。"但是成材的大木料，经过明朝岁无虚日的采伐，到了清朝大兴土木时，已感到供不应求。同时由于三藩（吴三桂、耿精忠、尚可喜）的反清，当时西南地区都不在清王朝统治范围内，所以康熙二十五年便以减轻百姓负担为名，停止采运川省楠木，提倡使用关外木材。原谕旨这样说："蜀省屡遭兵燹，百姓穷困已极，朕甚悯之，岂宜重困。今塞外松木材大木，可用者甚多，若取充殿材，即数百年可支，何必楠木，著即停止川省采运。"在二十九年时又很冠冕地说："明朝宫殿俱用楠木，本朝所用木植，只是松木而已。"（以上俱见《康熙实录》）其实小件的楠木当时还是采取的。从现存清朝建筑的宫殿看，大概在乾隆以后才完全改用北方的松、柏。

木材以外的砖、石、石灰等，明、清两代建筑上使用的都一样。殿内铺用澄泥极细的金砖，是苏州制造的；殿基用的精砖是临清烧造的；石灰来自易州；石料有盘山艾叶青、西山大石窝汉白玉等；琉璃瓦料在三家店制造，这都是照例的供应。清朝为了表示俭约，曾公告说：建筑非不得已，基址不用临清砖。《康熙实录》这样写着："前明各宫殿，九层基址、墙垣，俱用临清砖，木料俱用楠木，今禁中修造房屋，出于断不得已，非但基址未尝用临清砖、瓦，凡一切墙垣，俱用寻常砖料，所用木植，亦惟松木而已。"这话事实上不尽可靠，现存清代建的宫殿基址，还是用的临清砖块。

烧砖尺寸及质量规格，在清朝《会典》中有严格规定。金砖由一·七尺至二·二尺。临清砖每块长一·五尺，宽〇·七五尺，厚四寸。金砖分正砖、副砖，均需要体质坚腻、棱角周备。凡砖运京，委员验收，除注意尺寸棱角、体质以外，还试听声音，遇有哑声者，定例不收，作为废品。

石料中的艾叶青、青白石，作宫殿台基用；汉白玉作周围栏板石柱之用。汉白玉适于刻划，雕以龙、凤、芝草等花纹，能增加宫殿的壮丽。这种石材是取之不尽，用之不竭的。乾隆年间吴长元所著《宸垣识略》卷十五记载："京师北三山大石窝山中，产白石如玉，专以供大内及陵寝阶砌栏楣之用，柔而易琢，镂为龙、凤、芝草之形，采尽复生。"这种石料在往昔属于封建君主专利之物，老百姓不能使用，有禁百姓开采的禁令。

琉璃瓦料，在清代分京窑与西山窑。宫殿使用的主要是黄琉璃。此外还有蓝、紫、绿、翡翠、黑等颜色，则多用在园囿中的建筑物上。

明清故宫建筑整体结构，表现了高度的建筑艺术性，宫中各个院落中配备的建筑附属物，又是与整体建筑艺术美分不开的。太和门前陈设的一对雄伟铜狮，屹立在雕刻精美的石座上，把宫殿衬托得庄严、宏丽。各个院落中陈设的镀金狮、镀金缸多是清朝的，青铜缸铁环的是明朝的，兽面铜环的是清朝的。清朝所制的，内务府档案中一般都有记载。如："乾隆三十八年（一七七三年）成造宁寿宫铜缸二十四口，口径五尺铜缸四口，每口约重五千六百八十二斤十三两。口径四尺二十口，每口约重三千六百三十斤，共约用铜九万五千三百三十一斤……”更富丽的镀金狮子，它的重量与镀金次数，可从下面史料看到：“乾隆四十年十月奉旨铸炉处造成宁寿门前安设应镀金大狮子一对，著照例镀金五次，查镀金一次，应用六十六两八钱七分二厘，五次共用金三百三十四两三分六厘。大狮子所镀之金，皆系头等金叶。铸狮红铜用六千四百三十五斤。”此外，还有铜炉、铜龟、铜鹤，雨花阁顶上镀金铜龙、珐琅塔，以及水漏壶等，这些陈列品，也都有实用性、艺术性，增加了周围宫殿的环境美。

六　龙吻走兽

故宫宫殿房屋屋顶，完全覆以琉璃瓦件，包括墙顶、花活，各种琉璃构件多至百数十种，其中以殿脊两端的龙吻体积最大，雕塑工艺最费工，被目为琉璃构件之王。其次则为具有立体形象的飞禽走兽瓦件。

琉璃瓦件在清代分为十等，术语称为“十样”。一样无编号，十样有编号无实物；最大的从二样开始，九样结尾；在琉璃窑老账簿上有“上吻”一名，体积大于二样，但未见实物。故宫太和殿正脊两端安装的是二样吻，高度为清代营造尺一·〇五丈，合公制三·三六米。它用十三块零件组成，合剑把、吻垫、吻座，总计十六件，重量为七千三百斤（三千六百五十公斤），名正吻，又名龙吻。

龙吻是由古代建筑上的鸱尾演变而来的。在公元前一百多年的汉武帝时代，一座柏梁殿被烧毁，估计是由雷电引起的。当时根据玄学的理论，采取了“压胜法”的消防措施，即塑造水生动物鸱的尾，以象水，安装在殿顶。元代人所著《说郛》解释鸱尾意义说：“鸱乃海兽，水之精也。水能克火，故用鸱尾。”在这种思想意识的指导下，经过工匠和艺人的创作，鸱尾遂成为建筑上的一种艺术品。

鸱尾使用的时间很长，在考古中见于石刻壁画上面的有很多。现存建筑实物中保存最好的有河北蓟县独乐寺的山门，建于公元九八四年。山西五台山佛光寺及大同华严寺，都有鸱尾。大约在八九世纪的唐代，鸱尾开始向鸱吻、龙吻过渡。到宋代编纂的《营造法式》，已有龙吻的名称。鸱尾与龙吻的区别是，鸱尾重点突出的是尾部，尾部高峻雄健；吻突出的是口部；口部张大，势吞横脊，所以名之为“吻”。后来的龙吻的形象是将古代传说的龙九曲三弯的形体塑造成一个方体，龙体的各部位都体现在方形的造型上。吻的前部有大嘴、通口脖子、前爪、卷尾；中部、后部有弯子、火焰、草须、小腿、后爪等。吻把龙形变成方体，还将想象的蜿蜒的龙身雕塑在吻体的中间，名为“子龙”，其意义是说明吻为龙的化身。在地方手法上，有的是在吻的后部塑造一条游龙盘踞其上，在艺术造型上显得欠含蓄，而且后部高耸，亦失去平衡。宫式吻前部卷尾高，后部五股云剑把，保持前后高低相衬，而且还具有联系各块吻件的结构上的功能。宫式吻在明清两代有区别，明吻浑圆端正，清吻峻峭高耸，从艺术角度衡量，明代似胜于清代。

在古典建筑屋顶上，正脊两端踞坐吻兽，在垂脊、岔脊下部的筒瓦，则安有塑造成立体形象的琉璃人物和飞禽走兽，等级高的殿脊可排列十一种。宋代《营造法式》中的窑作，已有造鸱尾、兽头、套兽、蹲兽、嫔伽、角珠、火珠、行龙、飞龙、飞凤、立凤、牙鱼、狻猊、麒麟及海马的。明清两朝瓦件大致都沿袭《营造法式》而加以变化。明清时代的名称为一龙、二凤、三狮子、四天马、五海马、六狻猊、七押鱼、八獬豸、九斗牛。最前为骑凤仙人，最后为行什。这是一级庑殿太和殿的最高级数。除天马外，均见于《营造法式》。这些琉璃瓦构件是与装饰结成一体的工艺品。

这些装饰性的屋顶覆件，都是鳞类、羽毛类和兽类，而且又是自古以来传说中的稀有动物。如传说中龙为鳞虫之长，形体能长短变化，古书《易经》中有“龙飞在天”的话，象征最高统治者。其后封建王朝各代均以龙为至尊，在帝王宫殿上，龙的图案为主题。凤为飞禽之首，人视之为神鸟，古语有“有凤来仪”的话，以象征祥瑞。传说麟在古代盛世出现，称为仁兽；狮子在佛教中为护法王，其性忠威有力；海马、天马、狻猊、獬豸等，或称龙种，或称忠直勇兽，帝王宫殿用这些传说和想象出来的动物形象塑造成立体的琉璃瓦件，覆在屋顶垂脊或岔脊之上，好像是拱卫着宫殿。封建帝王自称“真命天子”，并称天下一统，奄有四海，珍禽异兽，齐集来朝。正因此，明清两代统治者对于这些琉璃塑造的动物，视为神灵珍秘，尤其对于龙吻，更视为至尊，一吻制成，在安装之前，要派一品大臣赶赴窑厂迎接；在安装时，还要焚香，行跪拜仪式。

从建筑角度看，龙吻和走兽等都是从实用中产生的。在正脊和垂脊交接处，是整个屋顶互相联系的错综环节，为保护这一部位不致遭受雨水侵蚀和松散脱裂，用陶制构件笼罩，并使之衔接稳定，于是出现了“吻”。垂脊坡度较大，为防止瓦件滑落和脱裂，须将下端脊瓦钉在脊梁上固定住。长钉上面罩以陶制器件走兽等，就不致使雨水侵蚀而造成渗漏。建筑工人在长期劳动实践中，结合实用创造出各种水兽、飞禽、走兽等艺术形象，于是逐渐形成“鸱吻”、“龙吻”、“螭吻”，以及各种走兽，既为建筑艺术品，又是屋面上不可缺少的结构瓦件。封建统治阶级霸占了劳动人民的艺术创造，使它为统治阶级服务，不仅在吻兽、脊兽的形状、数目、大小上有严格的规定，而且建筑物的开间、尺寸、结构、形状乃至砖瓦种类、台基高低……都按封建的等级而有所区别。

七　哲匠良工

永乐初年参与营建北京都城及紫禁城的大臣官员、哲匠良工、民丁军士，为数众多，征之文献，有姓名事迹可考者，为数也不少。

明代紫禁城是以安徽临濠（今凤阳县）明中都宫殿为蓝图，又加以完善的。明中都规划设计的指导思想原则，主要根据《周礼·考工记》而有所损益，是中国历代王都设计中比较最完备的。当日主持规划、兴建中都宫殿坛庙者为明初功臣汤和与李善长。汤和是明初大将，与明太祖朱元璋是同乡，少年时好友，屡立战功。洪武三年（一三七〇年）封中山侯。《明史·汤和传》载，汤和于“洪武四年，与李善长营中都。”李善长是明初大臣，朱元璋称帝后，他任中书左丞相，封韩国公。明开国制度，多经他裁定。《明史·李善长传》说他：“洪武五年，董建临濠宫殿。”

明永乐四年后参与营建、规划紫禁城，在《明史》中立传或提到的有陈珪、薛禄、柳升、王通等人。《明史·陈珪传》中说他于永乐八年，“董建北京宫殿，经画有条理，甚见奖重”，柳升和王通是他的副手。《明史·薛禄传》中说他于永乐五年，“以后军都督董北京营造”。

参与北京宫殿工程技术的哲匠，见于文献为人称道的，有以下诸人：

一、杨青。据《江苏松江府志》载：“杨青，金山卫人，幼名阿孙。永乐初以瓦工役京师，内府屏墙始垂有蜗牛遗迹，若异彩。成祖顾视而问阿孙，以实对。成祖嘉之。……授冠带、营缮所史。一日小殿成，以金银豆颁赏，悉散于地，令自取。众竞往，青独后，以是心重。青后营建宫阙，便为督工。青善心计，凡制度崇广，材用大小，悉称旨。事竣，迁工部左侍郎。其子亦善父业，官至工部郎中。青以老疾乞休，卒赐祭葬。”

二、蒯祥。《苏州府志·蒯祥传》：“蒯祥，吴县木工也，能立大营缮。永乐建北京宫殿，正统中重建三殿及文、武诸阁，天顺末作裕陵，皆其营度。能以两手握笔画龙，会之如一。每宫中有所修缮，使导以入，蒯用尺准度，若不经意，既造成以置原所，不差毫厘。指使群工有违其教者，辄不称。初授营缮所丞，累官至工部左侍郎，食从一品俸禄。”

三、蔡信。《武进县志·蔡信传》：“蔡信有巧思，少习工艺，授营缮所正，升工部主事。永乐间朝廷营建北京，凡天下工艺皆征至京，悉遵信绳墨。信累官至工部侍郎……年八十，仍执役。”

四、王顺、胡良。在初建宫殿坛庙时，彩绘工匠有王顺、胡良。《山西通志·文艺》：“王顺、胡良，保德州人（今山西保德县），擅绘事。永乐间建太庙，征天下绘工诣京师，良、顺偕往焉。成祖往视，抚顺肩，称赏不置。”

以上为明永乐初年建北京宫殿时有文献可查的规划师和技术师。当然，作为规划讲是继承明中都之模式，以后之工师、工匠都是继其后者。

永乐十九年（一四二一年），即宫殿建成后第二年，奉天、华盖、谨身三大殿为火焚毁。次年，乾清宫失火。正统五年（一四四〇年），决定按旧制重建三大殿。修缮乾清、坤宁二宫。当时出力最多者为太监阮安和僧保。二人事迹见《英宗实录》。正统六年九月，三殿两宫成，十月赐太监阮安、僧保银纻丝纱。《明史·宦官传》：“阮安有巧思，奉成祖命营北京城池宫殿及百司府舍，目量意营，悉中规则，工部奉行而已”。又彭孙贻《明朝纪事本末补编》亦记其事。两条文献说明：阮安具有现在建筑师、施工师之才能，其功绩是因旧复原，非原始设计也。

明代在英宗时重建三殿之后，到世宗嘉靖朝又毁。主重建之事者为匠官徐杲。《世庙识余录》：“三殿规制自宣德间再建后，诸匠作皆莫省其旧，而匠官徐杲能以意料量比，落成竟不失尺寸。”明末人著《野获编》载：“世宗末年，土木繁兴，各官尤难称职……永寿宫再建……木匠徐杲以一人拮拘经营，操斤指示。闻其相度时，第四顾筹，俄顷即出，而斫材长短大小，不爽锱铢。上暂居玉熙宫，并不闻有斧凿声。不三月，而新宫告成，上大喜……”

北京故宫早期蓝图为凤阳中都、南京，修建中有沿有革，以上列录之史料，是在有明一代中营建、重修故宫之人，非原始设计者也。

（选自《故宫札记》）

紫禁城城池

紫禁之名，来源于紫微星座。在我国古代，紫微星被认为是“帝座”，而皇宫又是禁区，所以皇帝居住的正式宫殿，称紫禁城。其他别墅性的皇宫、御苑，统称为离宫。

紫禁城是三重城墙包围之下的“城中之城”，外观上十分正规，完全是正式城墙建筑：大城砖、清水墙，上面有女儿墙垛口。南北长九百六十米，东西长七百五十三米，由地面至女儿墙高十米，底宽八·六二米、上宽六·六六米，收分较小，城台净宽五·七三米，四角各有角楼一座，全城面积是七十二万平方米，折合一千零八十七市亩，相当一个中小县城，豪华富丽却达极点。城墙全系用磨砖细砌（瓦工术语名为五扒皮砖，即五面磨砍）。四个角楼是“九梁十八柱、七十二条脊”的独特形式建筑。城墙四周绕以护城河，条石砌岸，称筒子河。波光城影，庄严之中给人以玲珑剔透之感。可以说，这是中国古代“城”的最高建筑形式。与其他城不同者，就是这座城只住皇家一户。

紫禁城有四个城门：午门、东华门、西华门、玄武门。午门是正门，位置在紫禁城南面城墙的正中。北面的玄武门，位置在紫禁城北面城墙的正中。南北两门在一条直线上，与紫禁城的外门端门、皇城正门天安门、京城正门正阳门、南外城正门永定门都是正对着，都位于北京城的南北中轴线上。

午门的奇特之处是两旁各有一座突出的墩台，使整个城台形成一个凵字形。东西两部分叫做“观”，也叫做“阙”。阙的本义是指午门外广场：甲骨文的门字是[illegible]，当中即为阙。古代墓前立两石，如华表，亦名阙，其意与门前之阙同。所谓天阙，就是皇宫大门的意思。东西两阙上两端各有两座崇楼，当中是午门门楼，高三十五米。中央门楼与四座崇楼由连檐通脊的廊庑连接起来，共为五座，俗称五凤楼。

从建筑角度看，午门城阙是唐宋以来皇宫正门形式的沿续，两翼合抱，是出自防御更加严密的需要，而从设计上看，是为了突出皇宫的尊严。进承天门以后，又经一道端门，夹道两旁是较低的朝房，到午门前再出现一个豁然开朗的空间，此则阙也，形成三面包围的封闭性的广场，显得城楼格外庄严和高大，门禁也更加森严。午门正面有三个门洞，而左右城阙又在东西方向各开一门，叫作左、右掖门，进掖门门洞后折而向北，出口却和背面三个券门平行。所以午门券门从南面看是三个，而从北面看却是五个，就是因为有东西两观的缘故。因此，午门和承天门、端门有所区别，在外观上显示灵活又有变化，不仅防御性强，也表现了封建等级制，作为皇宫的正门，要比其他城门显出更为高贵和尊严的气势。

雄伟的午门城楼和两观楼上的廊庑亭阁是一组完整的建筑群。四座亭阁式崇楼各有一个镏金的金顶，因此午门又带有华贵气息。它是皇宫千门万户中第一个“高峰”。名义上是正门，实际上并不是专为出入而设，而是兼有朝堂的作用，所以也叫午朝门。按照封建王朝的规制，每年冬至，皇帝要在午门向全国颁发新历书，叫做“授时”。午门前有两座石亭，一边放日晷，一边放铜制的量具嘉量。这两种器物，一种代表时间，一种代表计量法制。这是人类从事劳动生产以来所不可缺少的两种工具。形成国家以后，日晷表示向人民授时，嘉量表示向人民立法度量衡，于是，这些便成了代表皇权的建筑陈设。

午门前一直是明清统治阶级举行“献俘”仪式的场所，无论是“盛明”，还是清代“乾嘉盛世”，农民起义及少数民族的反抗，一直此伏彼起，反动的封建统治阶级在镇压和杀戮农民（或少数民族）之后，总要把一部分俘虏押解到北京举行“献俘”仪式。把“俘虏”从前门经千步廊、承天门、端门解至午门，沿路禁军森严，充分发挥了这一系列建筑物所显示的凛然至尊的威慑功能。皇帝在午门城楼设“御座”，亲临审视，并亲自发落。一面展示“天威”，一面是鹰犬报功。皇帝经常对“俘虏”使用极毒的一手：赦免之后，让这些战俘（族属）在北京划地定居，在种种笼络下，使他们世世代代再也不能回原籍“犯上作乱”。

明代还在午门前举行一种特殊的刑罚——廷杖。这是专为对付封建皇朝的臣子而施。《明史·刑法志》记：“廷杖令锦衣卫行之”。午门前东西两侧设有锦衣卫值房，凡大臣有违背皇帝意愿（即忤旨），即令锦衣卫当场逮捕，捆到午门前行刑拷打，然后下“诏狱”等候处决。一般廷杖之后十之八九会被当场打死。明正德朝朱厚照是一个极为昏庸荒淫的皇帝，他的贴身太监是刘瑾，也是他的特务机关司礼监的头子，兼提调东厂。刘瑾经常假借朱厚照的命令，廷杖异己，最后刘瑾也被拿问，“拿到午门前御道东跪……刘瑾则洗剥反接（即剥光衣服，倒剪双臂捆绑），二当驾官揪其脑发，一棍插背挺直，复有一阔皮条套其双膝扣住，五棍一换”。午门前的廷杖大致如此。刘瑾廷杖后遭处决，他生前勒索搜刮来的百万两以上的黄金白银以及不计其数的财宝，统统归朱厚照所有了。

紫禁城的东西两门东华门和西华门是东西相对的，但并不是处在紫禁城东西两面城垣的正中，而是偏南，南距紫禁城南垣角楼各一百多米，北距紫禁城北垣角楼各八百多米。这种安排，是由于宫殿建筑布局上的要求。紫禁城里的宫廷分外朝和内廷两大部分，所谓外朝，就是三大殿。内廷则为三宫，及以后妃在东西六宫居住的区域。宫殿布局从外朝向北，愈近内廷，愈严密。如果把东西两门开辟在城墙正中，那就会正对内廷心脏地带；内廷即不能保持严谨，同时在使用上也没有在东西两面城垣正中开门的必要。因为外朝是皇帝举行大典和宫廷处理日常政务的地方，午门只有举行大典时才开启，平日是不常开的。平日大臣官员上朝都是通过东西华门，更多的是出入东华门。西华门直通西苑，是内监司事人员经常出入的地方。因此才把东华、西华两门开在和午门较近的地方。

紫禁城的北门玄武门，清康熙年间重修时，因避康熙帝玄烨之讳，改名神武门，主要供后廷人员出入。门楼上设钟鼓，每日黄昏及拂晓时鸣钟，入夜后击鼓报更。

玄武门北，有北上门，门北是万岁山，清代改称景山。从整体布局来看，景山是真正的宫廷后苑，面积二十二万五千多平方米，约为紫禁城的三分之一，里面有楼有殿，当中是一座十一・六丈高的土山，山上筑有错落有致的小亭。全区松柏交荫，景色清幽。山和山区的建筑，完全是为屏障故宫而安排的。南北长达一公里的故宫宫殿群，北面若即以玄武门为结局，则笼不住由大明门起一气呵成的全宫局势。有了万岁山，则赋予全部宫殿以大气磅礴的总结，形成最有气势的背景，这自然是十分必要的，犹如北宋都城汴梁宫后之有镇山。清代乾隆十五年（一七五〇年）时，将万岁山改为五峰，每峰各建一亭。中峰最高，峰上矗立一座三层檐的方亭，高入云际，与太液池白塔东西辉映，登临山巅，极目四望，西郊香山秀色可映入眼帘，南瞰故宫则气象万千，无比雄伟，这样就更显示了景山对整个紫禁城的屏障作用。

（选自《故宫札记》）

太和门和三大殿

紫禁城午门之后是一个广场式的庭院，面积约二万三千多平方米，当中横亘一道内金水河，由西蜿蜒而东。整个河道由玉石栏杆围护，当中有五道玉石栏雕砌的石桥。河流弯曲，形如玉带，因而又名玉带河。设计这样大的一个庭院，又开挖这样一道内金水河，从建筑角度来看，是大阖大开的手法，是在到达金銮宝殿之前的一种渲染。河道使午门和奉天门（明嘉靖改称皇极门，清代改为太和门）起了隔断作用，而内金水桥又成为纽带，把它们联系起来。奉天门是奉殿的大门，如果离午门太近，那就会被午门这座高大的建筑群所压制，而有损它的独立性，于是设计了一个大型的庭院，并加一道弯形河道，使之隔开，以突出奉天门的地位；五座石桥，则成为它的前奏和纽带。奉天门虽比午门低，但通过河与桥的衬托、渲染，反而增加了气魄。

现存的太和门是紫禁城内最晚重建的一座建筑。清末光绪二十四年，载湉大婚前，太和门被火烧毁。当时载湉大婚期已定，清代制度规定：正式皇后必须经由前朝太和门进宫，清政府因此下令由北京棚匠（扎彩工人）连夜搭成一座逼真的太和门，于大婚时使用。转年，太和门才重新建成。

太和门建在一处崇基上，面阔七间，横五八・八二米，纵深三〇・四三米，是三大殿庭院的正门，却不是专为出入而设的。奉天门在明代也称作大朝门，是作为殿堂使用的设朝之所。所谓“御门听政”，就在这里举行。门前的建筑以及装饰物也较突出，最引人注目的是台基下的一对色泽斑斓的铜狮，高大身躯踞坐在汉白玉台座上，造型威武优美，给大朝门增加了壮丽严肃的气氛。门左有一座小石亭，在颁发诏书时先将诏书放在亭内，所以又称诏书亭。门右有一石匣，据《郎潜笔记》中记：里面装有五谷、红线、金银、元宝之类。有的记载说它和宫殿正脊所放置的“宝匣”同类，属于“厌胜”之物（即镇物）。如果把诏书亭和盛金银五谷的石匣对比，倒反映出封建皇朝对劳动人民的一“取”一“予”，给予百姓的是发号施令，取于百姓的则是钱粮布帛。所谓“御门听政”，无非是统治阶级进行剥削和压迫的最高形式而已。《国朝典故》记：朱棣在夺取皇位后，在奉天门有过这样的“御门听政”：“茅大方妻张氏，年五十六，送教坊司（注：即官妓院），旋病故，教坊司安政于奉天门奏，奉圣旨：吩咐上元县抬出门去，着狗吃了，钦此！”在清代早期，在此听政是将臣下所上的折奏及阁臣拟出的两三种批示呈帝，因阅看时未能作出同意那一条决定、用那一条批示，而定期在御门听政时作最后决定。

奉天门前庭院东西都有对称的廊庑，东廊辟一门叫左顺门（后改会极门，清代改名协和门），西廊辟一门叫右顺门（后改归极门，清代改名熙和门）。这两座门通东华、西华两门。此外，和奉天门平行的还有两座角门，都通奉天殿庭院（东角门后改弘政门，清代改名昭德；西角门后改名宣治，清代改名贞度）。据明代所绘宫殿图，奉天门左右原是斜廊式建筑，外观玲珑华丽，与玉带河相互交映，宛如一幅用界线画法绘制的仙桥楼阁画卷。现在的奉天门左右却是奉天殿南庑的后檐砖墙，比起明代建筑，显得森严呆板。这种形状是清初改建的，为的在皇宫中加强防御性措施，就把原来的开敞式廊庑变成封闭式砖墙了。

外朝宫殿主要是三大殿。奉天殿、华盖殿、谨身殿是最初的名称。明中叶改名为皇极、中极和建极殿，清代改为太和、中和、保和殿至今。

太和殿前是一处三万多平方米的大庭院，环境十分开阔，一条长长的白石甬路纵贯中央。三座大殿前后排列在一座由汉白玉石砌成的“须弥座”大台基上，呈工字形，分为三层，俗称三台。台心高八·一二米，边缘高七·一二米，总面积为二万五千平方米。每一层边缘都绕以汉白玉石栏板望柱，都向四周伸出石雕的龙头。望柱共一千四百五十三根，龙头数为一千一百四十二个，龙嘴当中钻有圆孔，与栏板下的小洞相通，是三台上的排水孔道。在降雨时，三台上的积水顺四面微低的地势，分别从大小龙头喷出，大雨如白练，小雨如冰柱，宛若千龙吐水，蔚为奇观。三台上的石雕既有装饰作用又有实用功能。但总的说来，它是三殿的殿基，远远望去，三座巍峨的宫殿，被托在三重雕柱台基之上，显示出万分端庄与尊严。

太和殿是紫禁城中最高的殿堂，从地面到屋脊高达三十五·五米。从建筑设计上看，其他建筑如廊庑楼阁都匍匐在它周围，长长的甬道，辽阔的庭院，再经太和门前一系列建筑和炉、鼎、龟、鹤、日晷、嘉量等陈设的渲染和三台的衬托，使三殿成为整个皇宫中的巅峰。

太和殿最早建成于明永乐十八年（一四二〇年）。九个月后遭雷击而焚毁。在整个明代重建两次，耗尽了天下民力和财力。现在的太和殿是十七世纪康熙朝所重建，形式基本未变。只是封闭性加强，将明代周廊改为墙壁。它是封建皇权的象征。面宽九间（左右各一夹室），横广六十三·九六米，进深五间，深三十七·二米。殿内面积三千三百八十平方米。天花板下净高十四·四米。如以四柱之中为一间计算，共五十五间，由七十二根柱子支撑。当中是六根金井柱支托藻井，除这六根柱沥粉贴金构成云龙图案外，其余都是涂朱红油漆。这座殿堂包括了中国古代木构建筑的所有特点。屋顶是宫殿中等级最高的四大坡庑殿顶，两重房檐。斗拱的数量也最多。上檐用九踩斗拱，下檐用七踩斗拱，屋面为二样黄色琉璃瓦，体制最尊，琉璃构件也最大。“龙吻”高达三·三六米，高踞正脊两端，紧紧吻住正脊。垂脊的走兽瓦件品种最多，最前端是仙人骑凤，往上数为：龙、凤、狮、天马、海马、狻猊、押鱼、獬豸、斗牛、行什。加上仙人骑凤，总数为十一，在故宫所有宫殿中数目最多，尺寸也最大。这是中国古代建筑上阶级性的具体表现。

太和殿的间数是横九纵五，是根据“九五之尊”而来。中国古代的正式朝堂最多是九间，不仅如此，凡是最庄严的建筑大都采用“九”的数字。如天坛圜丘台石砌，按九个方向分别砌成一至九块汉白玉石；朝门门钉也是纵横九列。这是因为在个位数中，九是最高的数字，超过九便须循环进位，从零开始。于是封建统治者把这个数目也垄断了。现在的太和殿东西两侧各有半间夹室，是由平廊改建成的。明代奉天殿的东西两山都是平廊，由三台上的斜廊联结东西廊庑。在内阁档案中，皇城衙署图皇宫部分，还绘有当时斜廊的形状。清代内阁黄册档簿在康熙十一年（一六七二年）维修工程册中也记载太和殿和保和殿都有平廊和斜廊。康熙十八年（一六七九年），太和殿被火焚毁，康熙三十四年重建，三十六年完工。据当时的工部郎中江藻所著《太和殿纪事》中载：

太和殿仍然是九间。从所附的图看，两侧还有平廊，只是斜廊部分改为红墙了，至于平廊在什么时候改变成夹室，还没有发现明确记载。夹室之名最早见于《清宫史》。这部书初修于乾隆朝，续修于嘉庆朝，那么，夹室的出现当在康熙三十六年以后到乾隆朝之间。平廊廊柱砌上山墙，也是封闭性的措施，不能作正式开间。

太和殿虽然在建筑上极尽豪华和高贵之能事，但使用率却非常之低。它的主要用途是举行大朝会。例如新皇帝登极、皇帝生日、元旦以及冬至这天在这里坐朝后出发到天坛“祭天”。一般说来，每年只在这里举行三次上朝仪式。它是真正象征封建政权的“上层建筑”，因此这里的上朝仪式也异乎寻常的隆重和铺张，陈列全副武装的禁军、全部銮仪（仪仗）、卤簿，庭院四周遍布各色旗帜。官员按铜铸的“品级山”标志，文官在东，武官在西，排列成行，行三跪九叩礼，一般只有王公、相才能在三台之上，其他官员只能在庭院，低级官员则在太和门外。朝拜时，殿庑下设“中和韶乐”，大朝门设“丹陛大乐”，露台上铜龟、铜鹤和殿内香炉燃点起各种名贵香木。大朝时钟鼓齐鸣，烟雾缭绕。从八米多高的三重台基下，仰视三十五米多高的大殿，在缥缈的轻烟中，通过空间的高低对比，呈现一种至高至尊的境界。封建皇帝就是这样制造独夫之尊的形象，以求达到“唯我至上”的政治效果。

中和、保和两殿与太和殿是一组建筑，统称三殿。但三者形状不同。保和殿屋顶是歇山式，即庑殿顶再加一个悬山式顶。这种屋顶有正脊、垂脊、岔脊三种，横竖及四斜一共九条屋脊、两重屋檐，共七间，规制比太和殿要小。中和殿则是四角攒尖、鎏金圆顶、单檐、正方形，“如穿堂之制”，很像亭式建筑。这三座大殿把中国木构建筑主要屋顶形式都包括了。在世界建筑史上，中国的木结构有其独特的创造，是一支重要的源流。这三座大殿无论在整个结构以及各个部件，从基础到屋顶、从建筑装饰以至施工，都能代表中国古建筑的特点，可以说是中国木构建筑的最高典型。在明、清两代北京发生的多次地震——尤以康熙十八年（一六七九年）的地震，当时北京民宅倒塌数以万计，但三大殿安然无恙，经受了严峻的考验。这是由于中国木结构侧脚工艺、榫卯工艺和地基分层夯打工艺都具备刚柔相济的结构功能，因之它具有独特吸收震能之功能。

三座大殿都是“金銮宝殿”，是皇权的象征。除大朝外，这里还是举行殿试的地方（清代主要是在保和殿进行）。殿试是封建社会最高级的科举考试，属于国家大典，因而要在最高殿堂进行，表示由皇帝亲自考试。答卷名为对策，即有关国家大事，叫读书人提出办法。

明清两代的科举考试大致分为三级：县级考取秀才，称为进学；省级考取举人，称为乡试；中央一级考取进士，分两次举行（两榜），秋季考试称会试，考中称为贡士，在来春再参加殿试，即在皇宫中金銮殿考试，所以称为秋闱和春闱。封建社会的科举制度，是统治阶级收买知识分子和培养官僚集团的重要手段，其目的则是为了巩固封建统治。因此，在殿试中，由皇帝亲自出题，提出有关当时政策和策略性的问题，应考者针对考题提出对策，叫作“策论”。

这种殿试，实际是会试的复试。一般说来，不会再有淘汰。只不过根据皇帝亲自甄试后，重新安排一下名次而已。例如清末会试取第一名（会元）的谭延闿，殿试后却成了第八名（赐进士出身）。这种殿试要在两三天后发榜揭晓，与考者分为三个等级：一甲为“进士及第”，照例只有三名：状元、榜眼、探花；二甲若干名，为“赐进士出身”，三甲若干名，为“赐同进士出身”。发榜前由礼部官员在保和殿唱名宣布名次，然后捧黄榜率进士出东长安门。这些考中者便“一登龙门，身价百倍”，成为统治集团的成员。

科举考试是三年一科（例如乡试为子卯午酉，会试则错开一年为丑辰未戌），一个读书人由童生、秀才、举人、贡士到成为进士要经过层层筛选，只有极少数人能取得殿试资格。惟其如此，这一类由“正途出身”爬上来的士大夫，凭借这种资格，即可列入统治集团之中，在一六四四年，李自成起义军攻入北京，军师宋献策和将军李岩，看到一批明朝的士大夫从崇祯皇帝棺柩前经过，传说他们发表了一篇颇有见地的议论，一语道破了科举制度的实质：“明朝国政，误在重科举，循资格，是以国破君亡，鲜见忠义……”其新进者盖曰：“我功名实非容易，二十年灯窗辛苦，才博得一纱帽上顶，一事未成，焉有即死之理？此制科之不得人心也”。而旧任老臣又曰：“我官居极品，亦非容易，大臣非止一人，我即独死无益，此资格之不得人心也。”有无此事不得而知，但这些话对封建王朝时代的科举制度却不失为一种讽刺。

后来，清军攻入北京，在国子监出现一条“揭帖”（类似今之小字报），上写：“谨奉大明锦绣江山一座，年愚弟文八股敬赠”，简直是对科举制度辛辣的讽刺和控诉。此虽系私人笔记传言，但反映了封建王朝衰亡时期政治之弊。

三殿还有一项重要用途——宴会。皇朝每年要举行若干次宴会（包括在太和门、午门等地），按规模有所谓大宴、中宴、常宴、小宴之类。仅大宴一项，就包括郊祀天地后举行的元旦、冬至、皇帝生日，这三项是固定的，还有派将出征授印仪式，当然还有宫殿落成、大封功臣等，至于会武宴、恩荣宴、中秋、重阳、立春、端午以及接待使臣等宴，名目繁多，不及备载。在三殿举行的多是大宴。“凡赐宴，文武四品以上及诸学士，武臣都督以上，皆宴殿上；经筵官及翰林讲读，尚宝司卿，六科给事中及文臣五品以上官，武臣都指挥以上官，宴中左、中右门；翰林院、中书舍人、左、右春坊、御史、钦天监、太医院、鸿胪寺官及五品以上官，宴于丹墀”。在太和殿举行的这种大宴不是常有的事。每年元旦、冬至、万寿三次大典礼，也是太和殿的重要用途。

明代政府有一个庞大的官僚集团，三殿及所属宫门容纳不下这么多人，“赐宴之日，其卑禄薄者免宴，赐以钞，谓之节钱。”这样大的宴会究竟能容纳多少人，史书上没有明确记载，但从明代光禄寺（专门供办皇宫膳食和宴会的机构）的编制可以推测，据载：“寺额（即每年用度）岁定银二十四万两……至正德时用至三十六万两，犹称不足。嘉靖中，厨役用四千一百名。”再如：“英宗初，减光禄寺膳夫四千七百余人。”由此看来，皇宫的厨师要保持四千多人的名额，那么，大宴的规模不会少于万人。

三大殿是紫禁城中最主要的建筑，设计、施工以至建材都是无与伦比的。但是，偏偏以三殿遭受的火灾最多。永乐十八年建成后，相隔九个月便被一场雷火烧光。正统二年重新建成，尔后又在嘉靖三十六年、万历二十五年连遭两次火灾。似乎老天诚心和“天子”为难，每次火灾都是由于雷电引起。当日无避雷针的科学知识，中国建筑又是木结构，三殿是一组高大建筑，一失火便被延烧无遗，乃至顺廊房一直烧到午门。无论皇帝怎样“修省”也无济于事。今天看来，这是由于建筑高大、缺乏避雷装置和消防设备所致。从记载中，可以查到三殿最初创建及后来重建次数如下：

一、永乐十八年（一四二〇年）三殿成。十九年四月，三殿火灾。

二、正统六年（一四四一年）十一月，三殿重建成（按：从火灾到建成，历时二十年）。

三、嘉靖三十六年（一五五七年）四月十三日，三殿又灾，延烧奉天门、左右顺门、午门外左、右廊。次年门工先成，改奉天门曰大朝门。四十一年（一五六二年）重建三殿成，改各殿名（皇极、中极、建极）（按：从灾至建成历时五年）。

四、万历二十五年（一五九七年）三殿又灾。四十三年（一六一五年）重建，天启五年（一六二五年）九月，皇极殿门工先成，六年（一六二六年）皇极殿成，七年八月中极、建极二殿成（按：从火灾到最后建成为历时三十年。以上据《明史·本纪》）。

五、顺治二年（一六四五年）五月，兴太和殿、中和殿、位育宫（即保和殿，明末一度改称位育宫）工，三年（一六四六年）九月，太和、中和等殿、体仁等阁、太和等门工成，十一月位育宫工成。

六、康熙八年（一六六九年）敕建太和殿，南北五楹，东西广十一楹，殿基高二丈，殿高十一丈，殿前丹陛五出，环以石栏。龙墀三层，下一层二十三级，中上两层各九级。

七、康熙十八年太和殿灾。康熙三十七年（一六九八年）重建太和殿。

八、乾隆三十年（一七六五年）重修太和、中和、保和三殿。（以上据《东华录》）

根据以上记载，明代除第一次创建，其他三次都是重建，而清代的四次营建中，只有康熙三十七年明确提出“重建太和殿”，以后均是维修。从解放后维修故宫建筑观察所得，清代重建规模，须弥基座是明代之旧基，而大殿与基座相比，则显示不匀称，只有现在的太庙建筑，殿与基座匀称合理。

一六四四年，在明末清初是个重要的年代。这一年是甲申年，李自成的起义军推翻了明代的北京政府，成立大顺朝仅四十天，就被满族的清朝所取代。奇怪的是，李自成的登极和清摄政王多尔衮的坐殿，都没有在金銮宝殿，而是在武英殿。清政府在北京成立是顺治二年，当年的人事之一就是“兴太和殿、中和殿、位育宫工”，工程先后进行了一年半左右。根据这种情况判断，三殿在甲申这年势必有所破坏和伤损，但不会是全部毁坏。顺治二年至三年期间，全国各地抗清斗争非常激烈，清朝刚刚入关，不能动用很大人力和财力进行浩大的工程，也不能在一年半的时间对三殿进行拆旧建新，充其量不过是一次较大的维缮。

清康熙八年和三十七年营建太和殿，已经处于平定吴三桂等三藩之乱以后，清政权稳定时期。对象征皇权的三殿，则根据满族统治者的政治需要进行改建。从明代宫殿图和现存建筑对照，三殿的改变并不大。如前所述，把平廊改为夹室，把斜廊改为隔墙，从斗拱看，似较明代为精致。那么康熙朝的敕建和重建应属于重大的改建或翻建。而乾隆朝则是一次较大的维修。

三殿屡遭火灾。每失一次火，都是当时全国性的灾难。永乐十九年，三殿火灾后，到正统五年才重新兴建。《英宗实录》载：

> 正统五年三月建奉天、华盖、谨身三殿，乾清、坤宁二宫，发现役工匠、操练官军七万人兴工，六年九月三殿两宫成。

从施工看，时限为一年，但清理和备料却是二十年间的事。《见闻录》载：

> 永乐十九年辛丑，只三殿灾，迟之二十一年至正统六年辛酉工方完。仁宗、宣宗、英宗三朝即位时皆未有殿。今日三殿二楼十五门俱灾，其木石砖瓦皆二十年搬运进皇城之物……

明嘉靖朝是火灾最多的时期，除三殿于三十年六月起火外，各处宫殿前后烧毁不下十几处，由于大兴土木，弄得“山林空竭，所在灾伤”。嘉靖三十六年三殿火，只清理火场就用了三万名军工。四十年，他所居住的西宫大火，为了催建永寿宫，大学士徐阶只好动用建三殿的余材。嘉靖在位四十五年，“营建无虚日”。工部员外郎刘魁为了进谏，先叫家里准备好棺木，然后上奏折：“一役之费，动至亿万，土木衣文绣，匠作班朱紫……国内已耗，民力已竭，而复为此不经无益之事，非所以示天下后世”。结果触怒了嘉靖，刘魁被廷杖之后，又被监禁于诏狱。

万历二十五年的三殿火灾相当严重，“六月戊寅，火起归极门，延至皇极、建极三殿，文昭、武成二阁。周围廊房，一时俱尽。时帝锐意聚财，多假殿工为名。言者谓：“天以民困之故，灾三殿以示儆。奈何因天灾以困民？”帝不纳，屡征木于川广，令输京师，费数百万，卒被中官（即太监）冒没（即贪污）。终帝世，三殿实未尝复建也”（《经世文编》）。三殿工程在万历朝成为横征暴敛的名目，火灾后三十年，到天启七年才完成。原来说太监贪污了几百万两银子，那么工程本身耗费又是多少？《春明梦余录》说：“（天启）七年八月初二日三殿工成，共用银五百九十五万七千五百十九两余”。但《明史·食货志》载：“三殿工兴，采楠杉诸木于湖广、四川、贵州，费银九百三十余万两，征诸民间”。看来，这笔消耗无法统计，因为军工并不出钱，而采集木材又是征之于民间。即便如此，若单以采木的九百多万两来算，也相当于当时八百多万贫苦农民一年的生活费用。

在三大殿的范围，东西南北都有左右对称的廊庑楼阁。太和殿前东庑正中有文楼，清代名为体仁阁；西庑正中有武楼，清代改为弘义阁，都是两层式的重楼。明代皇帝有时在阁中与亲信大臣“谈今论古”，商量政务。明代的《永乐大典》正本，传一度曾收藏在文楼。到了清代，政治活动除在三大殿举行大朝会之外，日常活动多在内廷进行，于是体仁、弘义两阁遂成皇宫中存贮什物的库房。体仁阁之北有一门名左翼门，东出即皇宫中之外东路地区。弘义阁之北有一门名右翼门，西出即皇宫中之外西路地区。在三大殿一组建筑的四隅，各有崇楼一座，其制如都城宫城之角楼，都为左右对称的格局。这些大小高低的廊庑朝房，与三大殿互相交错，起伏有致，使建筑外观一扫长脊呆板的感觉。

（选自《故宫札记》）

文华殿和武英殿

太和门外东庑中间，内金水河之南，有一门，明代称会极门，清代改为协和门，俗称东牌楼门。东出，有自成一组的文华殿建筑，位置在东华门以内。太和门外西庑有一门，明代叫归极门，清代改名熙和门，俗称西牌楼门。西出，有一组武英殿建筑，位置在西华门内。这两组宫殿，东西对称，与三大殿同属于紫禁城外朝部分。在建筑布局上，是三大殿的左辅右弼，同时又是内廷东西两路的前卫，在体制上，它们是三大殿的偏殿，所以屋顶形式是单檐歇山，只有小型配殿，亦无廊庑围绕。它们的台基高仅一·六米。如果把太和殿比做巨人的话，文华、武英二殿则是它下垂的双臂。

明代初年，文华殿是东宫太子出阁读书之所，屋顶用绿琉璃瓦。嘉靖十五年，改用黄琉璃瓦，颜色升了一级。每年春秋两季，还在这里举行讲学，称为“经筵”，君臣之间相互阐发儒家经典。在文华殿东有一座小型建筑，叫作传心殿，是皇宫内供奉历史流传的唐尧虞舜，以及夏禹、商汤、周文、周武、周公直到孔圣。清代沿袭明旧制，仍在这里举行“经筵”。因清代不立太子，所以无太子出阁读书之事。清代国事一向在内廷举行，只是在“经筵”时会见一些翰林学士。清末，文华殿曾做过接见外国使臣的地方，所以这个偏殿当时在国际上小有名气。

文华殿的对面，紧靠紫禁城墙，有一座建筑，是相当宰相身份的重臣办事的内阁，由此向全国发出统治政令。明代初年，内阁之东有著名的藏书楼文渊阁。正统十四年（一四四九年），文渊阁被火。现在故宫中内阁大堂之东，有清代的红本库、实录库、銮仪卫等五座建筑，都是木骨架用砖石封闭的建筑，其中收藏档案书籍等物，应即明代文渊阁旧址。一九五八年在这几座库房附近，曾由地下发掘出明代古今通籍库石碑一座。清代乾隆年间编辑《四库全书》，特在文华殿之后，仿照浙江海宁范氏藏书楼天一阁的形式，另建文渊阁。阁顶装饰琉璃瓦，使用“厌胜”防火之法，颜色以冷色为主，琉璃瓦件用青、绿色、彩画图案以水、草、龙、云纹为题材，两山青水砖墙，不涂红色。阁前有小石桥，内金水河经桥下迂回东去。阁后叠有太湖石石山，松柏交荫，环境清幽恬静，是清宫中具有独特风格的建筑物。

三大殿之西的武英殿，也是外朝中的一个偏殿，与文华殿相对称，体制相同，不同之处是，内金水河从武英门前东流，文华殿则从殿后文渊阁前东流。两殿额名似是文华谈文，武英论武，而实际并不如此。明代初年，皇帝曾以武英殿作为斋戒之所，皇后也曾在此接受命妇（高级大官的家属）的朝贺，但更多的时间是在这里从事文化活动，经常召集能写会画的内阁中书衔的文人在这里绘画编书，只是在明朝末年出现了武事。一是农民起义领袖李自成进军北京，直捣皇宫，推翻了明王朝政权，曾在武英殿宣布成立大顺王朝。清朝人从东北进入山海关，联合明朝残余势力镇压赶走李闯王，清朝摄政王多尔衮进京占据明代皇宫，也在武英殿理政事。武英殿除去这两件武事，此外再也没有了。

清代康熙朝在武英殿成立了修书处，集合文人学士在这里编写书籍。这时正是十八世纪初期，中国印刷术已有较大的发展提高，因而在武英殿里开办了一个印书工厂。这个工厂曾用铜活字版印了一部大类书《古今图书集成》。这是仅次于明代《永乐大典》的巨著。《古今图书集成》全书一万卷，分五千二百册。这样大部头的书籍，用铜活字版印刷是一件了不起的事。活字版就是先用铜刻制出各个单字，要印书时用单字排成印版。书印成后，拆了版的单字仍然可以利用，再排印其他书籍，这方法就和现在铅印书籍排版法一样。这种技术，远在十一世纪宋朝的时候就已发明了。不过当时是用胶泥制成活字，后来用木刻活字，在西方资本主义国家直到十五世纪才发明活字印刷术，比中国要迟好几百年。到了十八世纪，中国皇宫又用金属活字印行《古今图书集成》这样大部头书籍，这不能不说是印刷史上一件大事。

乾隆时期，继续在武英殿集合文人学者编辑书籍，《四库全书》馆就设在这里。除去编书外，也翻印古籍。书版有整块的木刻版，有木刻活字版。木活字版就是有名的聚珍本。武英殿翻刻的书籍，准许全国文学者购买。当时手艺最高的排版工人大都集中到皇宫印书工厂。我国特产的开花纸、连史纸等上等好纸，也都垄断在皇宫里。很多学问渊博的读书人整日在这里精勘细校，所以武英殿印行的书，都是以较高工艺刻制的书版，而且纸墨精良，校勘详审，跟坊间一般的刻本大大不同。因为这些书是在皇宫里武英殿刻印的，所以通常叫做殿本书。

在武英殿之北，还有一座仁智殿，俗呼白虎殿，在明代曾做过死皇帝停灵的地方。但很长时间，一直到明代末年，这里都是皇宫中的画院。如《明良记》载："孝宗尝至仁智殿观钟钦礼作画"。《稗史汇编》载："成化朝江夏关伟画山水人物入神品，宪宗召至阙下待诏仁智殿，有时大醉，蓬首垢面，曳破皂履踉跄行，中官扶掖以见。上大笑，命作《松泉图》。伟跪翻墨汁，信手涂抹，而风云惨淡，生屏幛间。上叹曰：'真神笔也'"。仁智殿在清代作为总管内务府机构，在其地设有造办处，建有多种多样的工艺品工厂，同时承袭明画院之旧，亦设画院于此。

武英殿西耳室名浴德堂。其后有一穹洼圆顶建筑，由外通进水管似淋浴式，室内满砌白色瓷砖。清代末年，流传此处为弘历（乾隆）维吾尔族香妃之浴室。此说不确。

在武英门南斜对面偏西有五间小殿，和东西配殿自成一区，名叫南薰殿。南薰二字是由古代《诗经》中的"南风之薰兮"而命名，则此地应为紫禁城中纳凉之所。全国解放后，维修这一区殿座时，发现庭院当中地下芦根满布。估计明代时殿前是一小池沼，种植荷苇，可以证明这一小殿群的用途。按明人彭时所著《纪录汇编》载："庚辰年四月六日，上御南薰殿，召王翱、李贤、马昂、彭时、吕原五人入侍。命内侍鼓琴者凡三人，皆年十五六者。上曰：'琴音和平，足以养性情，曩在南宫自抚一二曲，今不暇及矣。'……因皆叩头曰：'愿皇上歌南风之诗，以解民愠，幸甚'"。据此，可以肯定南薰殿是优游之所。此后，又曾命承值学士缮写帝后册宝在此殿。到了清代乾隆年间，将宫中旧藏历代帝后及功臣像排比成册，庋藏其中，一般称之曰南薰殿帝后名臣像，清嘉庆时，胡敬曾按其庋藏次序，编写一部《南薰殿图像考》行世。

南薰殿台基不高，开间平稳，是明代原构规式，殿中彩画精致无比，一般天花支条上彩画两端，习惯上只画燕尾图案，南薰殿天花支条则满画宋锦，与宋代织锦图案相仿佛，一进殿内，举目金碧辉煌。藻井彩画，亦独具风格，精细繁缛。紫禁城中各宫殿藻井画格之富丽，此为第一。

南薰殿院南墙为一道小城，与门外的逍遥城连一条线。小城有券洞，其外南距紫禁城南城垣不远。明汉王高煦由于谋反，被宣德帝置至铜缸中，在逍遥城东头火炙而死（见《明宫史》）。这是封建王朝皇宫中侄皇帝烧死叔叔的故事，反映了统治集团中为了争夺宝座，结果是你死我活，长时期的封建社会似这样的事不只这一件，到了清代，从熙和门到西华门角楼东逍遥城遗迹一带，就都是库房建筑了。

（选自《故宫札记》）

文渊阁

一

明清两代建都北京的五百多年间，在紫禁城内都设有文渊阁，作为宫廷的藏书处所。明初文渊阁在南京明故宫，成祖迁都北京后，设有文渊阁藏书库。清文渊阁则是在乾隆年间新建的一座整体建筑。明文渊阁藏有宋元版旧籍较多，包括永乐十九年（一四二一年）自南京明故宫文渊阁运来的十船古籍。[①]清文渊阁则主要作为贮藏《四库全书》及《古今

① 据《山樵暇语》："北京大内新成，敕翰林院凡南内文渊阁所贮古今一切书籍自有一部至有百部，各取一部送至北京，余悉封识收贮如故。修撰陈循如数取进，得一百柜，督舟十艘，载以赴京。"

图书集成》之所。

明文渊阁也是翰林院大学士等文学官员日常承值的所在。据明代刊行的《皇明宝训》记载："宣德四年十月庚辰，上临视文渊阁，少傅杨士奇等侍。上命典取经史亲自披阅，与士奇等讨论。"在文渊阁承值的人，其始为文学之职，后来又参与政务讨论，俨然成为机要之职。杨士奇冠有"少傅"头衔即是。[①]但阁制始备，则在世宗嘉靖十六年（一五三七年）。据《图书集成·考工典》云："嘉靖十六年命工匠相度，以文渊阁中一间恭设孔圣暨四配像，旁四间各相间隔而开户于南，以为阁臣办事之所。阁东诰敕房装为小楼，以贮书籍。阁西制敕房南面隙地添造卷棚三间，以处各官书办，而阁制始备。"但北京明文渊阁旧址究在哪里，或朱棣（永乐）兴建北京宫殿时，是否和南京明宫一样建有文渊阁，在明清官书及私家记载中，即众说纷纭，参差颇多。

多数记载，提到明北京宫殿中有文渊阁。建阁地点，有谓在外朝文华殿附近的，或称在左顺门东南，内阁旁的，两说均指一地。文华殿在明代是所谓东宫太子读书的地方，在附近建阁藏书，自然适得其所。如明沈叔埏著《文渊阁表记》载："文渊阁在洪武时，在奉天门之东（指南京宫殿）。成祖北迁，营阁于左顺门东南，仍位于宫城巽隅。遵旧制也。"另一明人彭时所著《彭文宪公笔记》（一名《可斋杂录》）中则称："文渊阁在午门内之东，文华殿南面，砖城，凡十间，皆覆以黄瓦。西五间揭文渊阁三大字牌匾。"据此，明北京皇宫曾建有文渊阁，亦仿南京宫殿规模位置。所谓"巽隅"，系指皇宫东南角处，而左顺门东南适处巽地（左顺门在文华殿前西侧，门向东，正对东华门。明中叶曾改称会极门，清代改名协和门）。所谓"砖城"，系指外包砖石、不露木植的建筑物。此外，在清代康熙年间内阁中书阮葵生著《茶

① 古时有三公，即太师、太傅、太保。少师、少傅、少保为公之副职，地位在公之下，众卿之上。

余客话》中，曾提到明文渊阁旧址及建筑式样，据称："……今之内阁大库，仿佛近之……沈景倩谓：制度庳隘，窗牖昏聩，白昼列炬，与今日大库形势宛然……皇史宬为明季藏本之地，则石室砖檐，穴壁为窗。……今大库之穴壁为窗，砖檐暗室，较史宬尤为晦闷，则为当日藏书之所，正与史宬制度相合。按光绪戊戌己亥间内阁大库因雨而墙倾，夙昔以幽暗无人过问，至是始见其中尚有藏书。"《日下旧闻考十二》按语中也有类似说法："明代置文渊阁，其地点在内阁之东，规制庳陋。又所储书帙仅以待诏、典籍等官司其事，职任既轻，散佚多有，逮末叶而其制尽废，遗址仅存矣。"这里说的文渊阁遗址到明末尚存，而同书另一按语中又谓："文渊阁在内阁旁，明时已毁于火。"又与前引按语自相矛盾。

明时文渊阁遭火灾之说，亦见《山樵暇语》，说在明英宗正统十四年（一四四九年）"北内大火，文渊阁向所藏之书悉为灰烬。""北内"指北京宫殿，而阁址究在何处，并未提及。《山樵暇语》为明代末叶之书，所记多为传说。在明代官书中也还有些只提到有文渊阁，而未提地址的。如《明英宗实录》："天顺二年四月丁卯，命工部修整文渊阁门窗，增置门墙。"又《日下旧闻考》引《明典汇》："弘治五年，大学士邱濬请于文渊阁近地别建重楼，不用木植，但用砖石，以累朝录，御制玉牒庋之楼上，内府藏书庋之下层，每岁曝书，委翰林堂上官查验封识。上嘉纳之。"天顺二年是公元一四五八年，弘治五年是公元一四九二年。从这两则记载和前引《图书集成·考工典》中的记载，又可看出，若无文渊阁，何能有修整门窗，"于文渊阁近地别建重楼"，以及于文渊阁中一间设孔子像之说？

和上述说法截然相反，认为明北京皇宫中根本未建文渊阁的，有清代乾隆年间编修的《历代职官表》，在"文渊阁"条按语中写道："谨按明文渊阁本在南京，成祖迁都后，设官虽沿旧名，实无其地，即以午门大学士直庐谓之文渊阁。其实经明之世未尝建阁也。”这部书和《日下旧闻考》都是同时的官修书，说法竟如此不同，甚至《日下旧闻考》同一书中，说法也自相矛盾，原因何在？盖清代官修书虽出自修书处，但均为集体编纂，多不出于一人之手；且修书时间长，参与编修者每有更替，因之前后考证矛盾是难免的。

二

清代入关后继续使用明代宫殿，对明代留下的处于中轴线上的宫殿建筑，只有重修，并无改变。在中轴线以外的建筑，则变更较多，对原有建筑物的使用，也不完全一样。清内阁则设于协和门（即明左顺门）东南明内阁旧址处。

清初，有曹贞吉者，为内阁典籍。据清王士桢著《古夫于亭杂录》载：“文渊阁书散失殆尽，曹贞吉曾拣到宋刊《欧阳居士集》八部，无一完者。”（转引自《四库全书·文渊阁书目提要》）曹贞吉是在康熙年间到馆的，这时清代尚未建文渊阁，他所看到的，当为明文渊阁遗存的书籍。

一九三二年，旧北京大学清理所存清内阁大库档，在“三礼馆收到书目档”中，有一条说：“乾隆三年正月，取到《文渊阁编译》九本、《唐六典》四本、《礼书》十八本。”这时清代仍未建文渊阁，所称仍指明文渊阁。又实录表章库有残档一页，不著年月，开头写：“西库第三柜下列书名，其中著录的《大明律》、《杂录》、《纪非录》等书，均见明代杨士奇所编《文渊阁书目》中。”这两条清初档案都证实清代内阁一带为明文渊阁书库，并有藏书遗存，足以纠正清代《历代职官表》按语之不确。

清宣统元年（一九〇九年）修库，在内阁实录表章库里发现明代遗存的一些宋元版书。有人因这部分存书均无文渊阁印，遂谓均非明文渊阁之书，因之又有人怀疑明代北京皇宫中是否有文渊阁。按明代文渊阁在宣德朝曾发行银印一方，其用途是凡有机密文字，钤封进呈御览。从《明会典》也可知：明文渊阁印，并非钤盖图书之用。杨士奇所编的书目，钤盖的是“广运之宝”。明代文渊阁藏书一般也均盖“广运之宝”章，但也有例外，在北京图书馆善本书中有宋版《集韵》十卷，即盖有明文渊阁印。此书据考亦出自清实录表章库，典守者言此印不伪。于此可知，明北京宫殿中确曾建有文渊阁。

辛亥革命后，清代在这一带留下的建筑有外部包以砖石结构的楼房五六座，与《可斋杂录》及《明典汇》所称砖石建筑相同，计有銮仪卫库、实录库、红本库、银库等。在砖城楼房之西尽头为内阁大堂，即所谓大学士直庐。一九二九年旧故宫博物院接管这些库房时，在实录库中又发现过一些宋元版书籍及典制文物，如铁券、舆图等，当时曾影印《内阁大库残本书影》一书。据考，其中铁券、典籍文物均为明古今通集库旧藏。古今通集库库址，据《明宫史》称：“……出会极门之下曰佑国殿……再东过小石桥曰香库，藏古今君臣画像。过小石桥稍北为古今通集库，符券、典籍贮此。”明亡后，清代仍有古今通集库之名。嘉庆朝续修的《国朝宫史》中，曾提到古今通集库石碑。而《日下旧闻考》按语中则称：“佑国殿已废，其承运各库，在今内阁之东。古今通集库似即今银库地，石碑已不可考。”《日下旧闻考》成书于乾隆年间，早于《国朝宫史》续编，而称石碑不可考，亦为异事。

一九五八年，故宫博物院维修銮仪卫库（库在内阁最东头），从院中积土下发掘出明代古今通集库石碑，其地点与《明宫史》所称“过小石桥稍北为古今通集库”的话相吻合。我们可以这样推论，从銮仪卫以西各库直到清内阁大堂，都应属于明文渊阁范围，古今通集库是明文渊阁库房的一区，在各库之东。明杨士奇《文渊阁书目》所刊题本中有这样的话："文渊阁现贮书籍……自永乐十九年南京取来，向于左顺门北廊收贮，未有完整书目。今奉旨贮于文渊阁东阁。"所称东阁，大约即指古今通集库。另据清叶凤毛《内阁小志》称："东红墙为内阁藏书籍红本库。库皆楼，其楼甚长。东为仪乐器库。前明文渊阁即此一带库楼……"叶氏所指，亦为銮仪卫库。清代将明古今通集库书籍等物移至小石桥之西库房，即清代实录表章库内，而将文渊阁东库改存銮舆。原来古今通集库石碑，则仍留銮仪卫库院中。

目前，这一片库房仍在，结构都是砖城形式，门为石梁石柱，铁叶包门扇。楼分两层，上层筑长方洞口为窗，石柱边柱以生铁铸成直棂窗，用以采光通风，又可防盗防火。因所进天然光弱，库中黑暗，即阮葵生所谓"穴壁为窗，砖檐暗室"。明文渊阁实即此类库房建筑。近年在维修清内阁各库时，鉴定所用城砖以及砖胎上的青色土质、琉璃瓦式样和胎釉，均为明代之物，更证实这一带库房建筑即是明代遗留下的文渊阁。至于清代官修《历代职官表》按语所谓："经明之世未尝建阁"的话，这是当时编修历代职官表的人以清代专为收藏《四库全书》而建的单座文渊阁为模型，认为明代收藏文物书籍的建筑，不应像銮仪卫等库那样简陋。后来的人怀疑銮仪卫一带建筑不是明文渊阁，亦同此心理。《历代职官表》一书的内容重在职官，并未意识到明文渊阁仅建有书库几座，与清代文渊阁单座建筑不同。当时编修诸公似亦无缘亲临其地，一窥库藏，因而断然作出"经明之世未尝建阁"的结论。从所查到的资料和现存的建筑及库房文物相印证，他们这一结论是不能作为定论的。

三

清文渊阁于清高宗乾隆三十九年（一七七四年）十月开始修建，于乾隆四十一年（一七七六年）建成，地点选在文华殿之后，明代祀先医之所的圣济殿旧址，为的是贮藏已于两年前开始编辑、尚未成书的《四库全书》。阁名也叫文渊阁，但未采用明文渊阁砖城式样，而是以浙江鄞县范氏天一阁的轮廓开间为蓝图，在宫廷化的基础上修建的一座庄重华贵、别具风格的两层建筑。

范氏天一阁的结构，是坐北向南，左右砖砌为垣，前后檐上设窗，梁柱均以松杉为主。凡六间，西偏一间，东偏一进，以迈墙壁，恐受潮气，不贮书，取其透风。后列中橱二，小橱二，又西一间排列中橱十二，橱下各置英石一块，以收潮湿。阁前凿池，其东北隅又为曲池。阁六间，取天一生水，地六成立之义，是以高下深度及书橱数目尺寸，俱合六数。

清文渊阁参考天一阁的结构形式，在外观上也分上下二层，各六间。阁前凿一方池，池上架一三梁石桥。池中引入内金水河水。阁的下层，前后均有廊，上层前后均有平座。阁的基层用大城砖叠砌，铺以条石；不用宫殿式的须弥座，朴实无华。下蓬檐为五踩斗拱，上蓬七踩斗拱，布置严密。明间平身科多至十攒，在结构功能中又富于装饰性。额坊下不用雀替，而用倒挂楣子，采用庭园内檐装饰风格。外檐廊前有回纹窗棂式组成的栏杆。阁门俱系菱花窗，博脊上有矮坎墙，各置槛窗。这座建筑从形式看，是以官式做法为基础，作了创造性的改变，如歇山式屋顶，而南面的腰檐则又属于九檩楼房式样，前后两面廊墙，砌有墀头抱厦式的排山博缝。廊东西两头，各有券门，可以出入。券门上用绿琉璃垂柱式的门罩，与灰色无华的水磨丝缝砖墙相对，色调明快整洁。阁的侧立面，外形下丰上锐，显得歇山式屋顶既玲珑又稳重，在古典建筑艺术中，这座文渊阁的造型是十分美丽的。

在故宫建筑中，由明代以来，以黄色琉璃瓦件、朱砂红的柱窗和朱红的墙壁为最尊贵。此阁瓦件则为黑色，再用绿色琉璃镶檐头，建筑术语叫“绿剪边”。阁顶正脊，用绿色为底，有紫色琉璃游龙起伏其间，再镶以白色线条的花琉璃。这样几种冷色的花琉璃搭配一起，一反宫殿上一团火气黄琉璃的单调色彩，掩映在苍松翠柏中，气氛静穆。油漆彩画，也以冷色为主，柱子不用朱红而用深绿。彩画题材屏弃皇宫中金龙和玺图案，而代以清新的苏画。为了表现建筑使用功能，画出河马负图和翰墨册卷的画面。阁后及西侧，以太湖秀石叠堆绵延小山，在寻丈之地，山峦既深壑平远，又珑玲翠秀，植有苍松翠柏，茂密成林。人行甬路系以杂色卵石乱砌，自然成趣。阁的东侧有碑亭，造型为驼峰式，四脊攒尖，翼角反翘，是宫中唯一的南方建筑手法，但有变化。亭中矗立隆碑，镌刻有弘历撰写的《文渊阁记》。

文渊阁外观虽为两层，而内部结构则为三层，即把旧式楼阁上层地板之下通常浪费掉的腰部地位利用起来，扩大了空间。阁的面宽三十三米，进深十四米。内部藏书排架是下层当中三间两旁放置《四库全书总目考证》和《古今图书集成》，而以儒家经典列入四部之首。经部书共二十架，放在下层左右三间。史部书三十三架，放在中层。子部书二十二架，放在上层中间。集部书二十八架，放在上层两旁。书均分别贮藏于楠木小箱中，安置在书架上。这种书架同时起间隔空间的作用，可以使空旷的大厅随着使用的需要，间隔为若干部分。如利用书架或博古橱、碧纱橱之类来隔间，运用自如，移动灵便，而且能使室内布局富于变化。

在上下层中央，均用书架间隔为广厅，正中设“御榻”（硬木小床），榻上有一对“迎手”（小方枕）、靠背（背后的软垫）、痰盒等物。此外还放有书函，供随时浏览。阁的下层正中，南向悬金漆“汇流澂鉴”四字匾。北面南向内檐柱挂着金漆底黑字对联，写的是“荟萃得殊观，象阐先天生一；静身知有本，理赅太极函三。”南面内檐柱北向联写的是“壁府古含今，借以学资主敬；纶扉名符实，讵惟目仿崇文。”南面北向横眉上悬弘历于乾隆四十一年（一七七六年）写的诗十六句："每岁讲筵举，研精引席珍。文渊宜后峙，主敬恰小陈。四库庋藏待，层楼结构新。肇功始昨夏，断手逮今春。经史子集富，图书礼乐彬。宁惟资汲古，端以励修身。巍焕观成美，经营愧亦濒。纶扉相对处，颇觉叶名循。"下层中央广厅有雕木屏风、"御座"、"御案"、孔雀羽扇。"御座"两旁有香几，置檀香炉，御案上放置纸墨笔砚，此外还摆上两函书。"御座"后自东向西装有孔雀羽扇，从槅扇后经左右旁门可绕到东西梢间。东梢间南窗下置榻，西梢间西壁南端辟有小门，从这里经楼梯可达中层、上层。在上层南北两侧都辟有走道。走道的外侧开窗，走道内侧除正中明间置"御榻"外，其余各间都排书架。

四

文渊阁未建成前，清代沿用明代典章制度，向于文华殿举行春秋两季经筵。明清两代的皇帝与翰林侍从文学士之官，在这里讲论儒家经典，讲求封建统治之道，有时也在这里接见朝臣和斋戒（祭祀天地等大祀时，前一日茹素不娱乐，以示对天神的虔诚）。到嘉靖时，决定提高文华殿瓦件等级，把殿顶绿色琉璃瓦改铺为黄色琉璃（见嘉靖《实录》）。清代春秋两季两次经筵，进讲"钦命"四书经义各一道。直讲官讲毕，再由皇帝宣讲"御论"，经筵进讲之礼就算完成。原来经筵本无赐茶的节目，到雍正年间，始增此制，即在经筵后于文华殿内赐茶。文渊阁建成后，则于文渊阁内举行经筵，礼成之后，讲官及起居注官，即于阁内赐座赐茶。[①]

乾隆四十七年（一七八二年），《四库全书》告成，弘历曾在文渊阁内筵宴编辑《四库全书》的高级官员总裁、总裁领阁事、提举阁事

① 乾隆丙申经筵赐茶诗注。

等。次一等的官员总纂、直阁事等的宴席设在阁外廊下。再一等的纂修、校理、总校、分校、提调、检阅等的宴席设在丹墀上，同时，于院中搭台演出小戏。在宴会上，诸皇子率领侍卫官员等为与宴诸臣斟酒。酒毕，弘历还赏给总裁等九人及总纂各官七十七人“如意”（象征吉祥的饰物，状如灵芝草）、“文绮”（绸缎丝织品）、“杂佩”（荷包、扇袋、香囊等）以及纸墨笔砚等，用这种手段笼络当时读书人钻研儒家经典，为封建统治者效劳卖力。

文渊阁官制，置领阁事一员、直阁事六员、校理十六员、检阅八员，另派内务府大臣提举阁事。

五

《四库全书》共七万九千三十卷，装订成三万六千册，分装六千七百五十函，全部用朱丝栏白榜纸钞写，丝绢作书皮。经部书用褐色绢，史部书用红色绢，子部书用黄色绢，集部书用灰色绢。书成后，共缮写四份，于皇宫文渊阁、圆明园文源阁、承德避暑山庄文津阁、沈阳故宫文溯阁各藏一部。后来浙江杭州文澜阁，江苏扬州文汇阁、金山文宗阁分缮三部庋藏。七份钞本以藏于文渊、文源、文津三阁中者缮写最精，校对最细，因为是藏在弘历经常去翻阅浏览的地方，编纂校对各官不敢稍事疏忽。文溯阁本则较粗糙。至于南方的文宗、文汇、文澜三阁所藏本，缮写校对就更不及北方各阁藏本了。

当《四库全书》尚未修缮完毕时，弘历因年事已老，唯恐不能见到全书的完成，特命编纂诸臣选择《四库全书》中的精本先行缮就，题名为《四库全书荟要》，共缮写两部，一部存在皇宫御花园摛藻堂中，一部藏在圆明园。一八六〇年，第二次鸦片战争时，英法联军侵入北京，焚毁圆明园，贮藏于园内文源阁的《四库全书》和《四库全书荟要》同毁于火。存于文宗、文汇两阁的《四库全书》在清军镇压太平天国革命时被毁。原存于文渊阁的《四库全书》及存在摛藻堂的《四库全书荟要》，现在台湾。目前尚存的《四库全书》，文津阁本现藏北京图书馆，文溯阁本现藏甘肃省图书馆，文澜阁本现存浙江省图书馆，其中残缺部分是于一九二三年据文津阁本补抄的。

（选自《故宫博物院院刊》1979年第2期）

故宫武英殿浴德堂考

北京明清故宫外朝武英殿西朵殿浴德堂，在堂后有穹窿形建筑，室内满砌白釉琉璃砖，洁白无瑕，其后有水井，覆以小亭。在室之后壁，筑有烧水铁制壁炉，用铜管将水通入室内。其构造似是淋浴浴室，属于阿拉伯式的建筑。辛亥革命后，一九一五年在故宫外朝地区成立古物陈列所，从热河避暑山庄运来陈设文物，其中有画轴数万件，另有美人绢画一张，油画十九张（据《古物陈列所搬运清册》）。油画中有一张戎装女像，所画人物妩媚英俊，是一张宫中习称的“贴落画”（即只有托裱并无卷轴之画）。古物陈列所指为是清代乾隆的回族妃子号香妃者。按乾隆确有回妃（维吾尔族），在清代后妃传中是和卓氏女，号容妃，不名香妃。在乾隆二十一年，大小和卓反清，在乾隆二十四年为清廷所平定，迁其妻孥于北京，一般传说乾隆是在此时纳其女入宫者。亦有学者对此时间有不同意见，有谓在乾隆二十一年前即已入宫者。据乾隆时清宫内务府档案，在乾隆二十五年档中，始见回妃和嫔之名，其后晋升为容妃。据此，容妃是在平定大小和卓后始进宫，时间似颇近之。

按清代帝后画像，有生前的行乐图，有死后的影像。在帝后死后，影像藏在景山寿皇殿中，以便岁时供奉。行乐图在帝后生前藏于宫中，死后与影像同贮一处，间亦有帝后影像在宫中辟室供奉者，事属个别，此例甚少（溥仪出宫后只见同治后之像在西六宫悬挂）。而所有影像均裱成立轴，以贴落存者在行乐图中则有之。所谓乾隆的香妃画像，即为贴落。按帝后妃嫔等画像，不论是属于影像或行乐图，均应有帝后妃等的封号，影像则要写上死后的谥号，一般都无臣工画家题款之例。检故宫所藏《宫廷画目录》，在行乐图上有画家题款者，只在乾隆一幅行乐图上见之，其他各朝则未之见。至于后妃行乐图上，则从无画家署名。影像只在画前封首写明某后某妃某嫔的封号，用以识别所画者为谁。承德避暑山庄运来的所谓香妃画像，既属贴落，当然无轴封首，不能注明为某妃，若真为一个妃子画像，亦不能有画工之题款。此画多年来传说为西洋人所绘。惜原画像远在台湾，北京存有三十年代的摹本。一九一五年亲与搬运承德避暑山庄文物的曾广龄先生，还健在之时，笔者向曾老请教此事，答曰：原画上有一黄签，题为“美人画像”数字，据此则非后宫有名号之妃嫔可知。按古代有以美人称后宫者，如汉代后宫有昭仪、婕好、美人的封号，而受封者亦冠以姓，以资区别，知为谁氏。清代后宫则无美人之称。旧古物陈列所指此美人画为乾隆之妃，并冠以“香妃”二字，不知何所依据？查香妃之名，在清朝晚期始传，辛亥革命后流传又广，大约古物陈列所得见此由热河离宫运来的戎装女像，遂附会为乾隆的回妃，随之乾隆的容妃也就变为香妃。武英殿浴德堂后、类似阿拉伯式的浴室之建筑，遂名为香妃浴室。旧古物陈列所并将戎装女像悬于浴室门楣上，又复制画片高价出售，加以宣扬。经此陈列布置，将仅资谈助无稽传说的故事，竟构成史实，好事者视为清宫秘史中的艳事，争欲一睹。于是古物陈列所门庭若市。这种旧社会的怪现象，七十年来一直有人津津乐道。

案故宫外朝宫殿，在清代均属处理王朝大政之地，后妃嫔御均不能到，有清一代二百多年中，只有小皇帝所谓大婚时，其皇后所乘凤舆可由外朝地区穿行到后宫，即使与后同时所选之妃，亦只能由紫禁城北门神武门进内。在清末同治、光绪两朝，钮祜禄氏（慈安太后）、叶赫那拉氏（慈禧太后）以太后身份垂帘听政，也只能在内廷乾清宫养心殿进行活动。虽尊为听政的太后，亦不能踞坐外朝金銮殿中。独揽朝政四十七年的叶赫那拉氏，亦不敢违背封建王朝敬天法祖的训示。武英殿为三大殿的偏殿，是属于帝王日常行事的朵殿，其性质类似宋代皇帝经常在延英殿理事一样，不能视为与内廷六宫相比，可以随意选择居住使用，更不可能在外朝宫殿有后妃沐浴之所。封建皇帝每年过生日，尤其是在举行大寿典礼时，都是要在太和殿受王朝臣工祝贺。以叶赫那拉氏太后之尊，权势之大，在她举办五十、六十大寿典礼时，也未在外朝举行。武英殿在紫禁城西华门内，毗连西苑中南海，叶赫那拉氏当权时，偕载湉（光绪）在去西苑或颐和园时，均出入西华门，亦不穿行外朝中路。五十年前闻之曾随侍叶赫那拉氏御前首领太监唐冠卿、随侍太监陈平顺言，当西太后出入西华门路经武英殿石桥，所乘肩舆还要挂帘掩照而过。一八九四年叶赫那拉氏办六十大寿时，曾命宫中画师绘《万寿图卷》，也是由西华门画起，直到颐和园，外朝宫殿也没有悬灯结彩的画面。

旧日北京大学历史学教授孟森先生所撰《香妃考实》，既考定香妃之讹，更否定浴德堂为香妃浴室，而以古代帝王宫殿必具庖湢以释此浴室所称。庖即庖厨，湢即浴室，遂举武英殿浴室和文华殿大庖井为证。

孟森教授所释，合于古礼。在孟师健在之时，我曾拟再从历史上纠正传说中的香妃及浴室之无稽，再从建筑史上考证阿拉伯式浴室之由来。

按“浴德”二字，来自儒家经典，《礼记·儒行篇》有“浴德澡身”之语，注疏说：“澡身谓能澡洁其身不染浊也。浴谓沐浴于德以德自清也。”宫殿中有以“浴德”题额者，均属比喻之意，非真指沐浴身体而言。在明清故宫中，除武英殿浴德堂之外，还有浴德殿（重华宫西配殿），在圆明园里还有澡身浴德殿、洗心殿等题额，但都非浴室。乾隆还有“澡身浴德”小图章（见《乾隆宝薮》）。据文献记载，武英殿在明代是召见臣工和斋戒之处，明代晚期曾命翰林、中书等文学官员在此编书作画。一六四四年农民革命领袖李自成攻进皇宫，推翻了明王朝，曾在武英殿坐朝理事。清代摄政王多尔衮，率兵从东北进关夺取农民革命胜利果实，踞坐武英殿发号施令。清代从康熙朝以来，到清代末年，武英殿一直是编书印书的场所，清代有名的纸墨精良、校勘精审的殿本书，就是指武英殿所编刻的书籍。乾隆朝是最兴盛时期，编书人在浴德堂校勘书籍之事也明白写在清代宫史中。这样何能使宠妃沐浴其中？所谓香妃浴室之称，始于一九一五年旧古物陈列所，所凭借者：一为乾隆有回妃；二为武英殿浴德堂后有阿拉伯式浴室，竟猎奇将二者联系在一起，并结合传说中香妃事，于是竟指浴德堂为十八世纪清朝乾隆皇帝为其宠妃香妃所建造者。

明清故宫是在元代大内宫殿废墟上兴建起来的，当元代统一全国时，朝臣在重用蒙人、汉人之外，回族人亦多，见于《元史氏族表》。回族就有百多人参与修建元大都宫殿城池。其中有回人也黑迭儿（见陈垣教授所撰《回回教入中国史略》）。《元史·祭祀志》中记有回回司天文台。《元世祖本纪》记有回回医药院。元代《职官志》中有回回令史。元朝人在生活习惯上，逐渐脱离游牧之风，把蒙、汉、回三个民族生活方式融为一体。蒙族习惯上居室初无浴室的设备，大抵受了回族礼拜沐浴生活影响，而在大内宫殿则有浴室多处。在陶宗仪《辍耕录》中载："万寿山瀛洲亭，在浴室后。"又"延华阁浴室在延华阁东南隅东殿后，傍有盝顶井亭二间。"元《故宫遗录》载："……台西为内浴室，小殿在前"。在我们多民族国家里，浴室设备只有回族有特定形式。又《元史·百官志》载："元仪鸾局掌殿廷灯烛张设之事及殿阁浴室门户锁钥。"大内有专设管浴室锁钥的机构，是由于元代宫殿中浴室不止《辍耕录》和元《故宫遗录》所记的几处。

明代王朝回族人亦甚多，明初时曾诏翰林院编修回回大师马沙亦黑等译回回天文书。《明太祖文集》中，给马沙亦黑敕文。永乐年派三保太监下西洋，三保太监即回族人郑和。明武宗也有回妃。元代大内宫殿在朱元璋攻破大都及定都南京之后，元故宫即荒芜。如洪武三年至十三年之间，在北平（北京）做官的刘崧、宋讷均有吊元故宫诗（见《钦定古今图书集成》）。刘崧写过："宫垣粉暗女墙欹，禁苑尘飞辇路移。"宋讷《西隐文稿》有："郁葱佳气散无踪，宫外行人认九重。一曲歌残羽衣舞，五更妆罢景阳宫。"这两人咏元故宫，都是描绘荒凉景象。在此以后，约于洪武十四、五年间，大都宫殿即逐渐拆毁（时间请参阅拙著，《元宫被拆毁时间》一文），估计拆毁情况除象征政权的坐朝大殿之外，小宫、小院不一定全拆到片瓦不存。到永乐四年，在筹建北京宫殿规划时，元故宫才彻底拆尽，明宫用地范围，在南面扩充到元宫外金水河一带。一九六四年中国科学院考古所徐苹芳同志为了考证元代宫殿位置，曾钻探地下土质资料多处，根据所得资料，现在的文华殿、武英殿左右约当元代外金水河区域。笔者估计，武英殿浴德堂所在地则应是元大内宫城西南角楼外地带。据《辍耕录》载，西南角楼南红门外，留守司在焉。留守司是一个较大的政治机构，不是一两间房子，而是多座成群的建筑。一九五八年清理坍塌倒坏的武英殿后墙的建筑遗址，此地在明代为仁智殿，又名白虎殿。在清代为内务府大堂。在刨挖地基深处时，于旧殿的砖磉墩下发现大石制作的套柱础，经鉴定是元故宫的遗物，衡量结果应是元留守司所在地。在成群建筑区，亦应有浴室在其中，以现在浴德堂结构布局证之，与元大内延华阁浴室有小亭和台西为内浴室、小殿在前之安排，极相吻合。现武英殿浴德堂浴室后亦有井亭，浴室在武英殿朵殿之后，亦即小殿建筑在其前头，布局与《辍耕录》、《故宫遗录》所记元代浴室情况相同。又浴室内部满砌白色琉璃砖，从砖质、胎釉看，是早于清代者。元代宫殿所用琉璃砖瓦是多种釉色的，非如明清两代以黄色为主、绿色次之。元代是杂用各色琉璃，尤其喜用白色。《元史·百官志》："窑厂。大都四窑厂领匠夫三百余户，营造素白琉璃瓦。"全国解放后，对故宫进行维修时，在浴德堂附近地下发掘出元代白色琉璃瓦片，琉璃釉与浴室琉璃砖相似。一九八三年北京市文物工作队在阜城门外郊区发掘出一座元代白色琉璃窑，得残瓦片数千件，与浴德堂白色琉璃砖色泽亦相似。再以现存堂后井亭的石井阑情况论之，此井由于频年汲水，井阑为绳索所磨沟道多至十五条。沟道深度有超过五六厘米以上者，这种现象非经历数百年使用，不能出此。若以六百年计之，其时间相当元明清三朝，决不是清代乾隆一朝一个妃子沐浴用水能将石井阑磨损至此。根据种种迹象和历史资料，颇疑武英殿浴德堂浴室为元代留守司之遗物。旧北京崇文门外天庆寺，有窑式形状的古代浴室一座，与武英殿浴德堂浴室建筑颇相似，全部用砖制造，工艺极精，传为元代之物。抗战前，据中国营造学社鉴定，认为这座浴室圆顶极似君士坦丁堡圣索菲亚寺……是可能为元代建筑（见一九三五年古物保护委员会工作汇报）。据此，故宫浴德堂浴室为元代所遗又一旁证。但在明代，在兴建宫殿时，何以留此浴室，此点可以用孟森教授在《香妃考实》文中所引用古礼左庖右湢之说释之。永乐四年诏修北京宫殿时，在规划中这座浴室适与东华门内文华殿大庖井相对称，正合古礼，因而保留。但该处已非真正浴室，而系按古礼左庖右湢“浴德澡身”之义而存在的。从各种资料和理论判断，可暂定武英殿浴德堂浴室是元代宫殿仅存之一。另在武英殿东有石桥一座，栏板图案雕刻古朴，构筑精美，非明清时代所有之物，考古学者多认为系元代所建。

相传乾隆曾为回妃兴建过礼拜寺，还曾将毗连皇宫的中南海宝月楼墙外，即今西长安街隔街筑有回子营。在这个地区有回教礼拜寺，街道设置尽为回式，并迁回民居之。使回妃在宝月楼南望，可见回民居处情景，而得到思乡之慰。现在新疆喀什噶尔旧城的东门外十里地方，有一座娘娘庙，多年前即传说纪念的娘娘就是乾隆的回妃。笔者未到过喀什噶尔娘娘庙。据同道去过的介绍说，此庙有坟数座，为维吾尔族上层人物聚墓区，并非香妃墓。又据《旅行杂志》二十七卷二期介绍，新疆喀什噶尔旧城的东门外十里地处有一座娘娘庙，建筑极富丽，上圆下方，陵寝墙用绿色花砖，陵顶是整个黄金的。庙里有弘历（乾隆）匾一方，陵城是乾隆二十四年修筑，光绪二十四年加罗城。喀什噶尔是维族语言，“喀什”意为各色，“噶尔”是砖屋。据此可能乾隆在平定和卓氏反清之事后，特在容妃先人墓群修造一座宏伟的建筑，崇其祖坟，以慰容妃。后人指此建筑为娘娘庙。据民族学院某教授言（惜忘其姓氏），在清代末年有《西疆游记》一书，其中有游香妃庙之语，大致亦属根据传说所记者。案清代后妃传，容妃死于乾隆五十三年，葬于河北省遵化县裕陵园寝。裕陵为乾隆之陵名，在清代历史档案中有一张裕陵园寝位置图，乾隆的容妃即葬在其中。

故宫旧存有一张手提花篮的女装像，题的是《香妃燕剧图》，一九五五年故宫工作人员曾题为《香妃像》，国外也有人拍过照，此女装像是否香妃，待考。

（此文初稿写于抗战前夕，近岁略加修改。东陵博物馆已将容妃墓进行考证发掘，于善浦同志有科学的考证。本文仅指明武英殿浴德堂在明清两代并非浴室、更非香妃浴室，明代汉族亦无淋浴之习俗，清代其处长期为修书之所，其建筑可能为元代之遗物，是为大胆设想，绳愆纠谬谨俟博雅君子。）

（选自《故宫博物院院刊》1985年第3期）

故宫内廷

从紫禁城建筑布局说，乾清门广场以南的三大殿、文华殿和武英殿，为外朝；广场以北，包括后三宫和东西六宫等建筑，为内廷。

据文献记载，明朝建极殿（保和殿）后，原有一座云台门，以隔外朝、内廷，其位置在三台之上。到清代，已无云台门，亦无遗迹可寻。保和殿后，即乾清门广场，东西长二百米，南北宽五十米，正处于外朝和内廷之间。广场东西各有一门，东曰景运，通外东路；西曰隆宗，通外西路。广场北侧正中，即内廷大门乾清门。

乾清门为殿堂式，共五间，三间露明。两次间有砖砍墙小窗，为侍卫站班之处。大门中间有云龙阶石，两次间为崇阶步道。殿门左右有八字形琉璃照壁，门前陈设金狮金缸，相对排列。清代皇帝有时听政于此。

乾清门内正中往北八二・七米处，有皇帝的寝宫乾清宫，重檐庑殿。后面有坤宁宫，是皇后的寝宫。这是故宫内廷，即中轴线后部的主要宫殿。这两座宫殿，“乾清坤宁，法象天地”，东西各六宫，则象征十二星辰，连上外朝三殿，通称“三殿两宫”。在清代通称前三殿、后三宫。原因是乾清、坤宁二宫之间，夹立着一个亭子形的方殿交泰殿，其式如前三殿的中和殿（按：明代南京宫殿在洪武年建造时，乾清、坤宁之间原无建筑。建文帝即位后，在两者当中加建一座省躬殿。其形式虽不详，大约即是方形殿宇）。

交泰殿的名字，最早见于明隆庆朝，从明朝宫廷历史臆测，交泰殿始建似应在隆庆的父亲嘉靖朝。嘉靖坐朝四十四年；耗费国力财力的建筑活动频仍；同时他崇信道教，天地交泰之义即来自道家。在乾清、坤宁两宫之间的空档中建造交泰殿，南距乾清宫后檐仅十四・七〇〇米，北距坤宁宫前檐仅十一・二五〇米，显得十分逼仄，从空间组合上，也可说明是后加的建筑，从题额看，又是一座儒道合一的建筑。

乾清宫是一座重檐的七间庑殿，现存者是清代嘉庆二年（一七九七年）烧毁后重建起来的。从乾清门起，修有龙墀，直达乾清宫丹陛台。丹陛上有日晷、嘉量、龟鹤等陈设。丹陛之下地平上，清顺治十三年增建了两座鎏金小殿，东曰江山殿，西曰社稷殿，都是范刻鎏金，内供江山社稷之神，象征皇帝对江山社稷的统治。东庑为端凝殿，是皇帝收藏冠带袍履的地方。其南有祀孔处和尚书房。西庑为懋勤殿，是皇帝阅读本章和浏览诗书的地方。其南的房屋，在清代为批本处和内奏事处。南庑是翰林学士承值的地方，称为南书房。乾清、坤宁、交泰三殿的其他廊庑，在明代为宫监女官的承值房。

后三宫与东西六宫之间均有门相通。东廊庑中有日精门、龙光门、景和门、永祥门、基化门，以通东六宫；西廊庑有月华门、凤彩门、隆福门、增瑞门、端则门，以通西六宫。这些门庑是互相对称的，题额含义也都相对，如日精对月华，龙光对凤彩等。封建皇朝为显示自己的威严，突出独夫之尊，总是以天地日月星辰等自然现象为象征，如乾清象天、坤宁象地、日精象日、月华象月。

在东西六宫后面，各有四合院式的五所建筑，东六宫之后的叫乾东五所，西六宫之后的叫乾西五所。这两组建筑，是众多的皇子居住的地方。其象征则是天上的众星。这种众星拱卫的象征反映在建筑造型上，则体现为不同等级的划分。如乾清宫是庑殿顶，上蓬檐是七踩斗拱，下蓬檐是五踩斗拱的重檐大殿；坤宁宫是歇山式大殿。东西六宫是三踩单檐殿座。乾东、西五所除当中一所正殿，在单檐下出一跳斗拱外，其余则都是一斗三升小型结构。至于那些宫监值房，则是布瓦硬山小型房子。

清代外朝、内廷布局仍袭明代之旧制。到了十八世纪乾隆朝以后，部分相对的建筑格局即有所改变。乾隆（弘历）原住乾西五所第二所，即位后，改建为黄琉璃瓦的宫殿，题额重华宫，永远作为皇帝的宫殿。嘉庆（颙琰）为了生活便利，将西六宫的翊坤宫和储秀宫联起来，把储秀门改为体和殿，成为两宫之间的穿堂殿；同时将启祥宫（太极殿、和长春宫联起来，把长春门改为体元殿，也成为两宫中间的穿堂殿。这样的改建，破坏了原故宫整体布局讲求古代建筑群相对的格局，从现在保存的故宫平面图上，可以清楚地看出它们的变化。

内廷建筑用高八米的红墙维护，南门即乾清门，其北为宫后苑的顺贞门。东西六宫的首宫基本与乾清宫平行，只是其前无龙墀露台，宫前的空间即相当于乾清宫庭院地方。东六宫之前在明代有神霄殿、弘孝殿、内东裕库等，清代将神霄殿改建为惇本殿、毓庆宫，弘孝殿改为斋宫。西六宫之前为养心殿、祥宁宫。还有一座砖建无梁殿，其位置大体在今养心殿南库。明嘉靖皇帝信奉道教，在无梁殿内炼丹药，在养心殿内“养心”，以求长生不死。清代从雍正朝起，养心殿是皇帝居住和进行日常政务活动的地方。殿内所悬匾联充满宋、明理学思想，如正殿的“中正仁和”“勤政亲贤”，以及“唯以一人治天下，岂为天下奉一人”等。

东、西六宫屋顶形式一般都是单檐歇山式，但东宫的景阳宫、西宫的咸福宫，却是单檐收山式顶。养心殿原为三间大殿，后来将廊子推出，又在每间额枋上加支方柱两根，从外观上已成九间。估计这是清代雍正年间改作寝室时改建的。同时又在西二间外另加添抱厦一间，抱厦围以木板墙，形成一个小院。传说是清代皇帝为了在殿中临窗批阅奏章时，防止宫监的窥视。

在东六宫的东侧，南北长度与六宫相当，还有几组小型建筑群，是为宫中服务的机构，有尚衣局、尚食局等。到了清代，改为缎库、茶库、果局等机构。在这些机构之前是宫中祭祀祖先的奉先殿，都有红墙围护，与东六宫联成一体。红墙之东，有十米宽的长巷，巷东即故宫的外东路区。

外东路紧临紫禁城东城垣，南至东华门，北至北城墙。据《明宫史》记载，外东路北部有哕鸾宫、喈凤宫一号殿、仁寿宫，南部地区有勖勤宫、昭俭宫、慈庆宫、端本宫。到清乾隆年间，全部拆毁，改建为供乾隆做太上皇帝时住的宫殿群宁寿宫。

宁寿宫之名，在康熙朝已有，为皇太后之居所。估计那时是利用明代旧有的一组建筑。乾隆为自己告老时居住而建的宁寿宫建筑群，有殿，有阁，有庭园，工程极精。床榻隔扇壁橱之类，均选用黄杨、紫檀、楠木、花梨、文竹、梗木等上好木料；在装修各部如群板、隔扇心以及边框处时，再镶上各种工艺品，有瓷器、铜器、象牙雕刻、景泰蓝、雕漆、刺绣、绘画、编竹、刻竹、玉石等，精巧富丽，丰富多彩。

这时期，还创造了细木包厢法，即在松榆木上，用黄杨硬木等细材包在外面，做法新颖。这组宫殿的建筑，集中了当时中国工艺美术及建筑技术之大成。

宁寿宫总布局大体分三路。中路有皇极殿、宁寿宫、乐寿堂、颐和轩；东路有畅音阁（皇宫中的大戏台）、阅是楼（太上皇阅戏之处）。阅是楼北有庆寿堂、寻沿书屋、景福宫等。这一路是小型四合院式，用游廊围绕，院中点缀花坛、松竹之类，是乾隆作为“随遇而安”的随安室。西路全为宁寿宫花园，俗称乾隆花园，南北长一百六十米，东西宽三十七米。花园内采用江南园林手法，楼阁、湖石、松柏配置得宜，占地面积不大，却能小中见大，自成一局，建有古华轩、流杯亭、遂初堂、三友轩、撷芳亭、萃赏楼、耸秀亭、符望阁、竹香馆、倦勤斋等，不止园中有殿，而且殿中有园，在倦勤斋室内即采用宋代露篱之法，构有室内花园。

清朝皇帝日常均住西郊御园，夏季则在承德避暑山庄，每年只有较短时间在宫内住。乾隆在宫内住养心殿。他二十五岁即位。在位三十年时，他曾预告上天，如能在位六十年不死，即将帝位让与儿子，自己退居太上皇。他做满六十年皇帝时，已经八十五岁，但至期退为太上皇后，他并未搬到宁寿宫去住，而继续住在养心殿，以“归政仍训政”名义，继续掌实权，直到三年后死去。

外东路原慈庆宫地方，乾隆年间改建南三所，供阿哥（即皇子）居住。

西六宫之西，明代建有隆德殿等，清代改建为中正殿、雨花阁时，又将乾西五所的一部分建造西花园。原隆德殿是明代嘉靖皇帝供奉道教神像之所，清代改建后，改供佛教密宗像。一九二三年清代末代皇帝溥仪（宣统）仍住在故宫内廷时，此殿焚毁。清代在西六宫与中正殿之间还添建了抚辰殿、延庆殿、建福宫、惠风亭等一些小型建筑，其中有的是为赏花，有的供居丧时用，如建福宫即使用黑琉璃瓦，有的作为检阅近支王公射箭之所。明朝时这一带的旧状，文献无征，无从考查了。西花园、中正殿、雨花阁这些建筑的西红墙外，有一条长巷，巷西高大红墙之内，有英华殿、咸安宫等明代建筑，后者于乾隆朝改建为寿安宫。最南为慈宁宫，清代时把单檐殿座改为重檐大殿。其西还有寿康宫一区建筑，是给老太后、老太妃以及名位较低的妃嫔等一群寡妇居住的地方。慈宁宫之南为仁智殿，又名白虎殿，清代将这个地方作为总管宫廷事务的机构，即内务府和宫廷制造工艺品的造办处。清代末年，这一地带已残破不堪，目前已是一片广场了。

在故宫中轴线的最北端为宫后苑，清代叫御花园，东南角一门叫琼苑东门，可通东六宫，西南角的琼苑西门，可通西六宫。后苑当中主要建筑是钦安殿，还是十五世纪的原建筑。殿中供玄武神。现在殿内陈设神像，全为十五世纪明成化年间（一四六五——一四八七年）原物。殿顶用铜板铺墁，成长方拱背坡形，周围四脊环绕，屋顶设鎏金宝顶，这是明代著名的盝顶建筑。钦安殿的东西地区有轩有阁，有亭榭。建筑物有位育斋、摛藻堂、绛雪轩、养性斋、玉翠亭、凝香亭、澄瑞亭、浮碧亭。有的是明代所建、有的是清代建造。从建筑风格看，澄瑞、浮碧二亭均为明代遗构。清代约在雍正年间在亭前加一卷棚，其雀替与亭中雀替手法不同，在卷棚与亭子衔接之处，用铁活拉住，其做法与清雍正年间建的斋宫的铁活一样。在这组建筑群中，还有池水山石、松柏花卉。所有台石陈设，都是若干万年前的奇石，属于难得的自然瑰宝。这一座宫廷园林，由于年代久远，松柏多已衰退。

后苑的后门叫顺贞门，直对紫禁城的北门玄武门。出玄武门，即是紫禁城宫殿的镇山万岁山，清代名景山。登上景山中峰，南望故宫，但见阳光照耀下一片金碧，院落重重，错综起伏；琉璃瓦顶，灿烂绚丽。殿顶形式更是多种多样，有庑殿顶、歇山顶、四角攒尖顶、悬山顶、收山顶、硬山顶、盝顶、卷棚顶、六角式、八角式、十二角式，多角迭出，以及单檐、重檐、三重檐等种种形式，从前朝午门起到内廷尽头神武门，形成长达一公里、起伏跌宕的建筑布局，浑厚凝重，十分有气势。

（选自《故宫札记》）

故宫南三所考

一　名称

今国立故宫博物院文献馆办公处原为清代皇子所居之处，俗称“三所”。考“三所”之名，见《清宫史》卷十一：

> 协和门之东为文华殿……殿东稍北有石桥三，过桥有殿宇三所。凡大内俱黄琉璃，唯此用绿，为皇子所居。

《清宫史》所书“过桥有殿宇三所”之义，似“三所”二字非殿宇之名，乃为过桥有殿宇三处而已。继检阅《清宫史续编》，乃得其名。《清宫史续编》卷十三：

> 文华殿东稍北有石桥三，桥北为三座门，今为续修《大清会典》馆。直北殿宇三所，是为撷芳殿。凡大内俱黄琉璃，唯此用绿，为皇子所居。

按《续编》所载，则三所之总名应名“撷芳殿”。唯据清嘉庆、光绪《会典》皆书三所之正殿曰撷芳殿，[①]似撷芳殿又非为总名。另据吴长元氏之《宸垣识略》，则直书“撷芳殿在三座门北，殿宇三所。”[②]又吴振棫氏《养吉斋丛录》亦仅书“中殿曰撷芳”。[③]官私撰述，咸有不同。兹以故宫各处殿宇称谓之通例释之，以“撷芳”定为三所总名，从《清宫史续编》较为适当。如清宫外东路有皇极殿、宁寿宫、乐寿堂等处，俗皆以“宁寿宫”为代表。《清宫史》于叙述外东路殿宇时，亦以“宁寿宫”冠于卷首。外东路殿宇皆各有名，尚以主要宫室而代表一路，三所各室原皆无额名，以“撷芳”总其称似无疑问。更考内廷宫室，凡于正朝及寝宫以外，其别建殿宇以处皇子、妃嫔者，率皆以“所”呼之，自明已然。千婴门之北有乾东五所，百子门之东有乾西五所。”[④]清代仍之，是“三所”之称，同其例也。然三所虽经冠以额名，但在文书之记

---

① 《嘉庆会典》卷一六〇：“文华殿东北有石桥三，过桥为三座门，门内东西旧为鹰狗处、御马监，今为续修《大清会典》馆。正北有殿宇三所，覆以绿瓦，为皇子所居，其中曰撷芳殿。”《光绪会典事例》卷八六三与《嘉庆会典》同。

② 吴长元《宸垣识略》卷二。

③ 吴振棫《养吉斋丛录》卷十七：“三座门北，殿宇三所，覆以绿瓦，亦旧时皇子所居，俗呼阿哥所，或称所儿。中曰撷芳殿，仁宗初出宫时邸第也。嘉庆间，宣宗及诸皇子亦尝居此。道光间，隐志贝子薨逝所中，久无居者。至二十八年正月，文宗始将居焉。先一日掌仪司奏派大臣于所内安神。”

④ 见《明宫史·金集》。又《酌中志》“客魏始末”记：“祖制，于乾清宫东设房五所，西设房五所，系有名封大宫婢所住。”

载、宫监之习呼，“三所”之名最彰，“撷芳”之名久掩，历史相传，由来尚矣。寻内府档中，尚有“阿哥所”、“东三所”、“南三所”各称。“阿哥”乃满洲语皇子之义；“东三所”则别于内廷之乾东五所及乾西五所也；若“南三所”，则宁寿宫之执事宫监多称之，盖三所在宫之南端也。又有呼为“所儿”者，则仅见《养吉斋丛录》。

二　建置沿革

撷芳殿之位置，在故宫文华殿之北、宁寿宫以南，《清宫史》列为“外朝”之部（见前引宫史）。按《明宫殿额名》有“撷芳殿”牌，但略殿之位置。清代之撷芳殿，是否即明之旧地，有待考订。《明宫史·金集》“宫殿规制”：

> 徽音门里亦曰麟趾门，其内则慈庆宫也，神庙时仁圣陈老娘娘居此。内有宫四，曰：奉宸宫，勖勤宫、承华宫、昭俭宫。其园之门，曰韶舞门、丽园门，曰撷芳殿、荐香亭。

据《明宫史》所载，撷芳殿为慈庆宫范围之一部。考慈庆宫之位置，在东华门内北，端敬殿之东。天启末，懿安张后居之，后改称“端本”，以待东宫。光宗，思宗储位时，皆曾居之。万历间震赫朝野之三大案，张差梃击一案，即在此处。《日下旧闻考》卷三五引《壸书》曰：

> 端本宫在东华门内，即端敬殿之东，前庭甚旷，长数十丈。左为东华门，右为文华门，光宗皇帝青宫时所居也。天启末，懿安张皇后移居于此，名慈庆宫。其外为徽音门。壬午八月，懿安移入居仁寿殿，因改为端本宫，以待东宫大婚。宫门前三石桥，盖大内

西海子之水蜿蜒从此出焉。皇太子原居大内钟粹宫，在坤宁宫之左。既渐长，当移居，上以慈庆为皇考旧居，其后勖勤宫即上旧居也……

又引《山书》：

慈庆宫，光宗青宫时所居，张差梃击处也。上为信王时亦居此，名勖勤宫。崇祯十五年七月，更名端本宫。

端敬殿、端本宫条下按语曰："臣等谨按端敬殿与端本宫今改建三所，为皇子所居。"

据《日下旧闻考》所考订，可知清代之撷芳殿，为明端敬殿与端本宫一带改建殿宇三所，以居皇子，是建筑已非明代之旧，然其范围则将明代撷芳殿之部包括在内，可以断言。但三所究为何时所建，各书皆不载。按清代皇子之居此而见于记载者，仁宗诸兄弟曾居之，自兹以上无闻焉。[①]据此，则三所之建，不应远在清初，以理度之，似在高宗之世。不然，以圣祖之多男，在当日已有此建筑，岂能无皇子居之者？国立北京图书馆藏有《皇城衙署图》一幅，往者余与刘士能先生同展观此卷。据刘君考据，是图为清康熙末年时物，撰有论文发表。原图三所一带有"撷芳殿"之名，建筑为一所，并非三所，盖仍属明代撷芳殿之旧。可知在康熙时确尚未建筑三所也。此证据一。世宗享国不久，宫殿园囿绝少经营，且亦未闻若高宗弟兄辈居住撷芳殿或三所之记载。至若高宗幼时，曾居乾西五所，即位后一再阐述，屡著御制诗文集中。并改乾西五所为重华宫、崇敬殿，以龙潜之地，后世子孙不得再为居住，而杜觊覦

① 《清宫史续编》卷五十三："文华殿东稍北……是为撷芳殿，为皇子所居。中所为上潜邸，乾隆乙卯十一月始移居焉。"

大宝之心。是高宗未尝居于三所，亦可谓在高宗幼时尚未有三所之证据。文献馆藏清代内务府造办处舆图房《京城全图》一部，其绘制年代，经考订结果，为乾隆十四五年间所绘，其中排第八幅已绘入三所。据此，则三所之建为高宗初年所经营，似可确定。然此亦仅就史之旁证而论断也，仍未可视为定说。惟昔日学者对于一代宫苑之撰述，率皆偏重位置而略兴建之年，如《日下旧闻考》、《宸垣识略》，皆尔也。（若元、明之著作，陶宗仪《辍耕录》、孙承泽《春明梦余录》、萧洵《故宫遗录》，亦忽略时间性。）

兹以专著之书既阙略不可考，乃进而求诸档案，因就所考订之结果，发奋检阅乾隆朝档案。按清代内阁档案，有黄册一种，为各部院及各督抚奏报庶政之册。城垣宫室之役，例归工部具报，惟检寻既竟，三所之案仍阙。惟高宗朝频兴土木，尝有总理工程处之组织，以总管内务府大臣任督理，工部职曹伴食而已。遂继续检阅内务府档，亘一月之力，获得关系三所建筑年代史料一通，欢忭何极，旧书陈言，真同拱璧矣。乾隆三十一年内务府奏销档记一条云：

> 查撷芳殿改建三所房间，系乾隆十一年三月内兴工，次年工竣，迄今二十年，未加粘修，殿宇、头停、配殿、天沟，俱有渗漏，板墙糟朽，山花坍损，油饰爆裂。又因阿哥等于二十六年移出之后，其外围茶饭值房等项房屋，俱改为各处值房。今遵旨修理，给阿哥等居住。所有应用炉灶炕铺装修隔断等，应照旧式修理应用，是以共估需工料银三千九百余两。

据上述所引史料，三所之建筑时期可以确定。又可知乾隆十一年兴建后即有皇子居住，至二十六年皇子移出。三十年后加修缮，再命皇子居住。大致皆明。更有一点足资补前节所未详者，即档案首句

“查撷芳殿改建三所房间”一语，据此则清乾隆所建三所，确为明代撷芳殿旧址。

（选自《故宫博物院院刊》1988年第3期）

乾隆花园

乾隆花园是北京明、清故宫中一部分宫殿，位置在外东路宁寿宫西侧，是十八世纪八十年代建造的。当公元一七七三年的时候，也就是清乾隆三十七年的时候，这位乾隆皇帝计划到自己做满六十年的皇帝后，让位给他的儿子，自己做太上皇帝。所以他在让位前二十多年即开始经营太上皇帝宫殿——宁寿宫，并在宫殿旁边隙地布置了一座花园，作为他养老游憩的地方。按他的年龄算来，到乾隆六十年，他就是八十五岁的老人了，能不能活到那样高的年纪，当然他本人也没有把握。所以一再“焚香告天”，祈祷实现。在建筑物的题名上，也都是充满了希冀愿望，宫殿的名字有乐寿堂、颐和轩、遂初堂、符望阁、倦勤斋等。大概在当时他还考虑到，若真的能实现这个愿望，他还要做一个有权的太上皇帝，所以这座宫殿群的建筑也分为三路，和皇宫整体布局一样，在中轴线上有皇极殿，是升殿的礼堂（如故宫中的太和殿），有宁寿宫（如故宫中的坤宁宫），这样就具备了外朝和内廷的宫殿规模。到了一七九六年，他老而不死，果真达到了这一愿望，表面上将宝座让给儿子（嘉庆），但在“归政仍训政”的名义下，实际上他仍然掌握着政权，住在皇宫的养心殿里。也可能是这所花园与郊区圆明园、畅春园、长春园和三山的园囿来比，差得实在太远的缘故吧，他对于这座具有庭园风格的太上皇帝宫殿并不感兴趣。倒是近几十年来，乾隆花园颇为人们所称道。大概在明、清故宫中，这座庭园式的宫殿还是别致的，又因为是乾隆自己为养老而修建的，于是乾隆花园的名字便叫得响亮了，在人们意识里，它已不是宁寿宫的附属建筑了。

乾隆花园占地面积，南北长一百六十米，东西宽三十七米，合起来约六千平方米。在这个狭长的空间，布置了几十座亭轩楼阁，此外则是假山树木，整个地带被建筑填得十分饱满，几无余地。它的组成大抵分以下五个部分：

花园正门叫衍祺门，进得门来，有假山为屏障，中通一径，是引人入园的洞口。小路一转，便觉豁然开朗，古柏参天，繁枝烂缦，院子周围山石起伏，这是花园中第一部分。正面一厅，四面轩敞，额题古华轩，字已剥落。据记载说，是由于轩前有古楸树而得名。轩内迎面有雕漆云龙对联一副，写道：“明月清风无尽藏，长楸古柏是佳朋。”这是二百年前弘历（乾隆）个人独享时亲笔所题，现在这个轩厅已归人民所有，广大劳动人民都能遨游憩坐其间，“乾隆御笔”的对联，也就成为了游览的导引。轩的形式是歇山卷棚式屋顶，上铺黄琉璃绿剪边的琉璃瓦。轩内的天花板，雕刻极精致，清新如画，在乾隆花园里这部分是比较可取的所在。轩的四面有重檐的禊赏亭，平面作凸形。这个亭子的命名和用意，是为了仿古人习俗，在三月上巳之辰，举行曲水流觞修禊的故事。古时流觞曲水，应是在小溪两旁，大概在唐宋以后，好事者便在无水的花园里用石刻制流杯的池子以代小溪。乾隆花园本无水源，也作了这样一座，在南面假山后藏巨瓮蓄水，山下凿出孔道，引水流入亭中流杯池，然后再由北面假山下孔道逶迤流入“御沟”中。上下水道都隐在假山之下，好像源泉涌自山崖，在设计上确实是煞费苦心，表现了智慧的手法，但这种矫揉造作是好事者乾隆皇帝的意图，可说是劳民伤财的无聊之举。

花园的西面紧邻高大宫墙。设计者为了隐蔽这种呆板建筑，所以在西边假山上修建楼阁，将墙隐住，同时给人以扩大园林的感觉，使得不致毫无含蓄。为了补救狭窄地区的限制，尽力地从娇小玲珑曲折婉转的布局上取胜。在这个院子里，依山势起伏及空间余地安排建筑。在四面假山上有一座精致卷棚式屋顶的建筑，因为面向东方，所以叫旭辉亭。东南假山之后留出一个小院，在东南角处叠山石为基，上建小亭，取名撷芳，登临其上，可览古华轩院内山石树木。这个院落虽不大，还有游廊，在廊的中部突出攒尖式的小屋顶，叫作矩亭，与廊相通。有北房两间，名叫抑斋。室内结构曲折，东通养性殿佛堂。由抑斋北门出来可登假山之巅，有平台，在台上可尽览全园山石树木和接檐的楼阁。

古华轩北有垂花门，两旁是雅洁的细磨砖墙，是甲第风格，不是宫廷规矩，里面是标准的北京四合院的布局，正面主房为遂初堂，前后俱有廊，式如过厅。这是乾隆预卜告老时希望得遂初愿的建筑。这一组是花园中第二部分。

出遂初堂北廊即到花园第三部分。全院中间都是山，山为殿阁所包围，身临其境，仰视几不能望天，前进又为山石所障，幸有山洞可以进入，山顶上有几处天窗式的洞口，因此在山洞中尚可获得“坐井观天”之畅。这种山顶洞口的安排，当然是大有匠心，否则将使人闭塞欲死，山顶上有亭名曰耸秀。在亭中可南望宫阙，东面山环隐处小院内有三友轩，用岁寒三友松竹梅为装饰，极精致。这座小巧建筑好像藏在深壑中。假山之北为萃赏楼，西为延趣楼、萃赏楼，上下围廊俱通延趣楼。出楼上北廊，是石制小飞桥，可达后院假山上。若由北廊西行，可与曲尺形的养和精舍衔接。

花园的第四部分为符望阁。庭院中心，也都是山，山巅有梅花形小亭一座，为了成为五瓣的形状，圆形亭子用五根柱子支托着五条脊的重檐屋顶，形象十分美观，覆以孔雀绿酱色剪边的琉璃瓦，上为孔雀绿作地白色冰震梅的琉璃宝顶，更觉清新可喜。在它的东面，还有一座玲珑的小楼阁，叫如亭。用各种不同的颜色的琉璃釉砖制出图案美丽的什锦窗，与碧螺亭东西辉映。这两个争妍斗胜的小巧建筑，可惜是置于闭塞的环境中，委实委屈了它们，若是在轩敞的庭园里，真不愧是亭亭玉立、仪态万千、玲珑可喜的建筑物！

符望阁是主要建筑，也是全园中最高大的建筑。阁内装饰极精致，结构复杂，东一阁，西一榻，重门叠户，变化多样。由于这样，室内遂显得黑暗，身入其中，使人不辨方向，进退迷离，因此有迷楼之称。阁之西有玉粹轩，循廊北进即达到第五院落，也就是花园最后的部分。在这个庭院中，主要建筑为倦勤斋，屋顶满铺孔雀绿琉璃，檐头镶以黄色琉璃，色调极美，东西游廊相对称。西廊外有竹香馆，嵌三色琉璃透窗的弧形小墙，是最引人的去处，墙内寻丈之地而能自成整体。里面正中假山上，建有歇山式的小阁——竹香馆，左右斜廊，往北通入倦勤斋，往南可达玉粹轩，左右逢源，南北可通。阁前有翠柏两株，修竹数竿，盆花石座，陈列俨然，玲珑小巧的格局介于符望、倦勤两大建筑之间，并未成为“大国之附庸”，尺土方圆之地而独立性极明显，是值得欣赏之处。

从倦勤斋、竹香馆这个院落的东廊出去，可以再凭吊一下在一九○○年八国联军侵入北京，慈禧太后携光绪仓皇逃赴西安时，将光绪的妃子珍妃推下淹死的那口故井。宫监们因为感伤她的遭遇，后来就叫这口井为“珍妃井”。井就在倦勤斋东廊以外。由此往北出贞顺门，便是宫墙之外了。

乾隆花园的特色是在造园艺术上发挥了多样变化的技巧，在不大的地方，用几堆太湖山石，隔断出小小空间，便觉别有天地，峰回路转，又另其一种风光。游廊宛转，亭阁玲珑，处处引人入胜，在当日修建时，劳动人民确实费了不少心血，但由于处在专制帝王淫威之下，限制在高大红墙之中，园林为宫殿所围，地区小，而专制皇帝要求多，纵有良匠，也不能尽其所长。因此，在花园中，个别建筑山石虽美，整体布局则显得堆砌壅塞。加以封闭性的围墙多，宫监值房多，花园整体自然难免有“西子蒙不洁”的遗憾了。

现在乾隆花园部分地区已开放，已经过修葺整理改造，这座花园已成为广大群众憩息活动的场所了。

（选自《故宫札记》）

紫禁城的水源与采暖

在七十多公顷的紫禁城的面积中，城内有长一万二千米的河流，它从西北城角引入紫禁城的护城河，水从城下涵洞流入，顺西城墙南流，由武英殿前东行迤逦出东南城角与外金水河汇合。这道河流对于紫禁城内千株松柏起了灌溉的作用，在调节空气和消防利用上都有好处。在夏季又是全宫城中雨水排泄的去处。

故宫中雨水排泄管道，在开始设计全宫规划时有一个整体的下水系统安排。它的原设计图虽然已看不见了，可是现存的沟渠管道，除被地上建筑物变革而被破坏一部分外，经实际疏通调查发现它的干道、支道、宽度、深度都是比较科学的。遇有暴雨各殿院庭雨水都能循着排水系统导入紫禁城中的河流里，然后迂回出城汇入外金水河东出达于通县运河流域。因此在宫中无积水之患。明代开凿的筒子河宽五十二米，深六米，长三·八公里。不但增加了宫城防御，而且主要功能是排水干渠和调蓄水库两重功能。蓄水量可达一百一十八万立方米，相当一个小水库。在这个面积不足一平方公里的紫禁城，筒子河的蓄水起着重要保证。即使紫禁城内出现极大暴雨，日降雨量达二百二十五毫米，同时城外洪水围城，筒子河水无法排出城外，紫禁城内水全部流入筒子河，也只使筒子河水位升高一米左右。

至于给饮水问题，五百多年前的设计完全依赖凿井取天然泉水。故宫的房屋间数以四柱一间计算，在当日的全部房屋约万间以上。明清两代王朝日常生活在皇宫里的约近万人给饮水问题，除帝后的饮水是每日由京西玉泉山用骡车运水外，其余近万人中大约八九千口都聚集在住人区。三大殿九万六千多平方米面积不设一井，内廷东西六宫及其他若干建筑群，每一宫院至少有井两口或三口。值班人员和警卫人员区设井更密。这完全是根据需要而安排的。由于凿井工程的需要，在故宫里又出现了为数不少的小型盝井亭建筑，成为宫苑中一种特殊的建筑结构。同时，小亭饰以皇宫彩画，小巧玲珑。井亭不仅是生活用水所需，也是一种特殊的建筑艺技陈设。

宫中取暖设备有两种，一是炭盆，二是地下火道。火道一名火炕，是和建筑连在一起，在殿内地面下砌筑火道，火口在殿外廊上。入火道斜坡上升处烧特种木炭，烟灰不大。火道有蜈蚣式及金钱式，即主干坡道两旁伸出支道若干，这样使热力分散两旁，全室地面均可温暖。火道尽头有出气孔，烟气由台基下出气洞散出。这种办法在皇宫中一直使用了四五百年。在殿内地面上则利用炭盆供热。由于宫殿高大，为了冬季居住得舒适，凡是寝宫都利用装修隔扇阁楼将室内高度降低，将殿内空间缩小，即所谓暖殿暖阁之类。

每年冬季来临前夕，即阴历八九月，有关太监就着手过冬准备。先通火炕口，烤干湿潮气等。

顺便再谈一下宫中采光。宫中采光只靠棱窗小洞，光线细微。此外，只能依靠宫灯，点蜡。到了十七世纪初期，玄烨成立养心殿造办处，设立多品种工艺作坊。其中有玻璃作坊。估计宫殿安装玻璃窗应在此时。

（选自《故宫史话》）

三　其他古建研究

明代社稷坛

社稷之礼，肇自殷周，社以祭五土，稷以祭五谷，有国者皆设坛定规，列为郊祀之一，修史者将其规制载于礼志。但其祀典虽属于礼，其坛制则关系营造，因是本文乃舍礼文，而专论坛制。现本社对于《明宫殿考》之作，草创已备，补订阙漏，正在进行，关于社稷坛之史料，搜集略备，兹区为三节。

（一）首建时期及其规制。

（二）改建时期。

（三）建享殿拜殿。

附　帝社帝稷、王国社稷、郡县社稷。

一　首建时期及其规制

明代社稷坛首建时期，各书所载详略不同，所获史料，汇录于下：

《明史礼志》：社稷之祀，自京师以及王国皆有之，其坛在宫城西南者，曰太社稷，明初建，太社在东，太稷在西。

《明会典》：国初以春秋仲月上戊日祭太社太稷，异坛同壝，太社以后土句龙氏配，太稷以后稷氏配。

《明会要》：吴元年八月癸丑，建社稷于宫城西南，北向，异坛同壝。

《续通志》：明太祖洪武元年，建社稷坛于宫城西南，太社在东，太稷在西，坛皆北向。

《续通典》：明太祖洪武元年，建社稷坛于宫城西南，太社在东，太稷在西，坛皆北向，坛高五尺，阔五丈，四出陛，五级，二坛同一壝。

《续通考》：明太祖吴元年八月，社稷坛成，坛在宫城西南，社东稷西，皆北向，广五丈高五尺，四出陛，陛五级，二坛同一壝。

《明集礼》：……国朝二坛，坐南向北，社坛在东，稷坛在西，各阔五丈，高五尺，四出陛，五级，坛用五色土筑，各依方位，上以黄土覆之，二坛同一壝，壝方广三十丈，高五尺，用砖砌四方开门，各阔一丈，东门饰以青，西门饰以白，南门饰以红，北门饰以黑，周围筑以墙，仍开四门，南为灵星门，北为戟门五间，东西戟门各三间，皆列戟二十四。

《明太祖实录》：吴元年八月癸丑，圜丘、方丘及社稷坛成……社稷坛在宫城之西南，皆北向，社东稷西，各广五丈，高五尺，四出陛，每陛五级，坛用五色土，色各随其方，上以黄土覆之，坛相去五丈，坛南各栽松树，二坛同一壝，壝方广三十丈，高五尺，甃以砖，四方有门，各广一丈，东饰以青，西饰以白，南饰以赤，北饰以黑，瘗坎在稷坛西南，用砖砌之，广深各四尺，周围筑墙，开四门，南为灵星门三，北戟门五，东西戟门各三，东西戟门皆列二十四戟，神厨三间，在墙外西北方，宰牲池在神厨西，社主用石，高五尺，阔二尺，上微锐，立于坛上，半在土中，近南北向，稷不用主。

合上辑各史料观之，则明代首建社稷坛时期，明史书，明初《实录》，《会要》，《通考》皆书吴元年；《通志》、《通典》皆书洪武元年。吾人依历史之判断，则以吴元年为是，何则？盖太祖自建都南京称吴元年，以后一切帝制，灿然大备；制礼乐，营宫室，同时并进。社稷既视为国祭，则吴元年太祖定各制时，社稷之礼自不致阙而不备，矧《实录》中所记，极为详尽乎，《明史》之所以书明初而不书吴元年者，乃中国修史者之史法，原明太祖于洪武元年八月始破元都，旧史家于八月以后，始承认明代国家，宜乎于洪武纪元前史实，约略言之矣，但吾人所研究者，乃当日之史实，非修史者之史法也，因从实录之说。

二　改建时期

明初社稷异坛，已见上录各史料；洪武十年，太祖以国初所建，未尽合礼，因命礼部详议改建之制，其事见《明史》，《明会典》，《通典》，《通考》，《通志》诸书，《太祖实录》记载尤详，兹分别择录于后。

《明会典》：洪武十年，改建社稷坛于午门之右，先是社主用石，高五尺，阔二尺，上微尖，立于社坛，半埋土中，近南北向，稷不用主，至是埋石主于社稷之正中，微露其尖，仍用木为神牌，而丹漆之，祭则设于坛上，祭毕贮奉，坛设太社神牌居东，太稷神牌居西，俱北向，奉仁祖神牌配，神西向，而罢句龙、后稷配，自奠帛至终献，皆同时行礼。

《续通典》：……十年，上以太社太稷分祭配祀，皆因前代制，欲更建为一代之典，遂下礼部议，尚书张筹历引礼经及汉唐以来之制，请改建于午门之右，社稷共为一坛合祭，设木主而丹漆之，祭则设于坛上，祭毕收藏，仍用石主埋社中罢句龙与弃配位，奉仁祖配，以成一代之典，以明社尊而亲之义，上善其奏，遂定合祭之礼，十月，新建社稷坛成，升为大祀。

《续通考》：十年八月改建社稷坛。帝既改建太庙，以社稷国初所建，因前代之制分祭配祀皆未当，下礼官议，尚书张筹言：请社稷同坛，罢句龙弃配位，奉仁祖配享，帝善之，遂命改建于午门之右，其制社稷共一坛，坛二成，上广五丈，下广五丈三尺，崇五尺，四出陛，筑以五色土，覆以黄土如旧制，四面甃以瓦，石主崇五尺，埋坛中，微露其末，外壝崇五尺，四面各十九丈二尺五寸，为四门，门壝各饰以方色，外垣东西广六十六丈七尺五寸，南北广八十六丈六尺五寸，皆饰以红，覆黄琉璃瓦，垣北三门，门外为殿，凡六楹，深五丈九尺五寸，连延十九丈九尺五寸，外复为三门，垣东西南门各一，西门内近南神厨六楹，神库六楹，门外宰牲房四楹，中涤牲池一，井一。

《太祖实录》：洪武十年八月癸丑，命改建社稷坛，先是上既改建太庙于雉阙之左，而以社稷国初所建，未尽合礼，又以太社太稷分祭配祀，皆因前代之制，遂命中书省下礼部详议，至是礼部尚书张筹奏曰：……上览奏称善，遂命改作社稷坛于午门之右，其制社稷共为一坛，坛二城，上广五尺，下如上之数而加三尺，崇五尺，四出陛，筑以五色土，色各如其方而覆以黄土，坛四面皆甃以甓，石主崇五尺，埋坛之中微露其末，外壝墙崇五尺，东西十九丈二尺五寸，南北如之，设灵星门于四面，壝墙各饰以方色，东青西白南赤北黑，外为周垣，东西广六十六丈七尺五寸，南北八十六丈六尺五寸，垣皆饰以红，覆以黄琉璃瓦，垣之北向设灵星门三，门之外为祭殿以虞风雨，凡六楹，深五丈九尺五寸，连延十丈九尺五寸，祭殿之北为拜殿六楹，深三丈九尺五寸，连延十丈九尺五寸，拜殿之外，复设灵星门三，垣之东西南三面，设灵星门各一，西灵星门之内近南，为神厨六楹，深二丈九尺五寸，连延七丈五尺九寸，又其南为神库六楹，深广如神厨，西灵星门之外为宰牲房四楹，中为涤牲池一，井一，十月新建社稷坛成。

《国朝典汇》：洪武十年八月，上既更建太庙于雉阙之左，以社稷国初所建，未尽合礼，又以太社太稷分祭配祀皆因前代之制，欲更核之为一代之典，遂命中书下礼部详议，尚书张筹奏，拟社稷合祭，共为一坛……上览奏称善，遂命改建社稷坛于午门之右，其制社稷共一坛，坛二成，上广五丈，下如上加三尺，崇五尺，陛四出，筑以五色土，色如其方而覆以黄土，四面皆甃以甓，石主崇五尺，埋坛中微露其末，外壝墙崇五尺，设灵星门于四面，壝墙各饰以色如其方，外为周垣饰以丹，覆以黄瓦，初社稷列中祀，临祭或具通天冠绛纱袍，或以皮弁行礼，制未有定，今仿唐制，升为上祀，具冕服以祭，按五方土，命应天、河南进黄土，浙江、福建、两广进赤土，江西、湖广、陕西进白土，山东进青土，北平进黑土，天下郡县计三百余处，每土百斤为率，仍取之名山高爽之地，十月新建社稷成，上行奉安礼，冕服乘辂，百官具祭服诣旧坛，以迁主告。

三　建享殿拜殿

洪武二年八月，太祖以社稷等祭，皆有定期，恐遇风雨，因谕礼官考求前代有于坛为殿屋蔽风雨之事。礼部尚书崔亮奏："考宋祥符九年（一〇一六年），议南郊坛祀昊天上帝，或值雨雪，则就大尉斋厅望祭。元《经世大典》载：社稷坛壝外垣之内，北垣之下，亦尝建屋七间，南望二坛，以备风雨。请依此于圜丘方丘皆建殿九间，社稷坛北建殿七间，为望祭之所，遇风雨则于此望祭焉，上从之。"见《明太祖实录》。惟按《明史·礼志》社稷之记载："……初帝命中书省翰林院议创屋备风雨，学士陶安言天子太社必受风雨霜露，亡国之社则屋之，不受天阳也。建屋非宜，若遇风雨，则请于斋宫望祭，从之。三年，于坛北建望祭殿五间，又北建拜殿五间。"又《明会典》亦载："洪武三年，于坛北建享殿，又北建拜殿各五间，以备风雨。"是《明史》，《会典》二说相合，则《实录》所记太祖从礼部尚书崔亮采元《经世大典》于坛北建享殿七间之事实应研究，因检《明史》陶安、崔亮本传，以为质核；陶安传未记其言社稷坛建屋事，崔亮传中云："……二年，帝虑郊社祭坛而不屋，或骤雨沾服，亮引宋祥符九年（一〇一六年），南郊遇雨，于大尉厅望祭，及元《经世大典》坛垣内外建屋事，遂诏建殿于坛南，遇雨则望祭，"此节与《太祖实录》所记相合，惜未言明间数，不过又将建屋于坛北，《亮传》误为坛南耳。由此以言，《明史·礼志》说采《会典》，《崔亮传》则采《实录》或其他载籍，总言之，一与《会典》合，一与《实录》合，准此则《明史》本身立说，似觉矛盾，其或因志传非成于一人之手致有此现象欤？然吾人对此两说，必从其一，《实录》、《会典》皆属重要载籍，究应何从？吾人在此取舍之间，当然取准于《会典》，何以言之？盖《会典》本属宪法文字，其记典章制度为传统之法规，纂辑成书，颁诸天下者也，所书所记，必为事实，此可信也；至于《实录》则为散漫记事册，且原本已亡，今日所见者乃移录之副本，又辗转传钞，容有讹夺，（改建时期所引《实录》且有六楹之说）据此理由，而证明明代社稷坛北有享殿五间，又北有拜殿五间为确。

帝社帝稷

帝社稷之由来，乃原于洪武十年，太祖改坛制，罢句龙与后稷配位，以仁祖配，升为大祀，惠帝建文元年祭社稷奉太祖配，撤仁祖位，仁宗洪熙元年二月祭社稷，奉太祖、太宗并配，命礼部永为定式。此为明初社稷配位之演变，见《明会典》及《续通典》。至世宗嘉靖九年，改正社稷配位，仍以句龙后稷配，十年，立帝社帝稷坛于西苑豳风亭西，以仲春秋次戊日上躬行祈报礼，如次戊在望后，则以上巳日，坛址高六尺，方广二丈五尺，缭以土垣，神位以木为之。穆宗隆庆元年，礼部言帝社稷之名，自古所无，嫌于烦数，宜罢，从之，见《续通典》。

王国社稷

明代藩封称王国，亦营建社稷，《大明集礼》王国社稷序曰："周制，诸侯为百姓立社曰国社，自为立社曰侯社，国社在公宫之右，侯社在籍田，又《周礼》凡封其国，设其社稷之壝，令社稷之职。《小司徒》，凡建邦国立其社稷，其坛制半于天子，广二丈五尺，受土各以其方之色，冒以黄为坛，皆立树以表其处，又别为石主以象神，牲用少牢皆黝色用黑币，此诸侯祭社稷之礼见于经传者也。汉封诸侯王，见于史者，若武帝立子闳为齐王，策曰受兹青社，旦为燕王，策曰受兹玄社，胥为广陵王，策曰受兹赤社，褚少孙曰：诸侯始封，必受土于天子之社，归立之以为国社，以岁时祀之，天子之社五色，诸侯封于东方者取青土，封于南方者取赤土，封于上方者取黄土，各取其色物裹以白茅，封以为社，自唐至宋元，封建不行，故阙其制。"按以下明制，略规式而详礼仪，其或仿周制而半于天子欤。（图一）

郡县社稷

洪武元年，颁社稷坛制度于天下郡邑，《太祖实录》、《大明集礼》皆著载：

《太祖实录》：洪武元年十二月己丑，颁社稷坛制于天下郡邑，坛俱设于城西北，右社左稷，坛各方二丈五尺，高三尺，四出陛三级，社以石为主，其形如钟，长二尺五寸，方一尺一寸，剡其上，培其下之

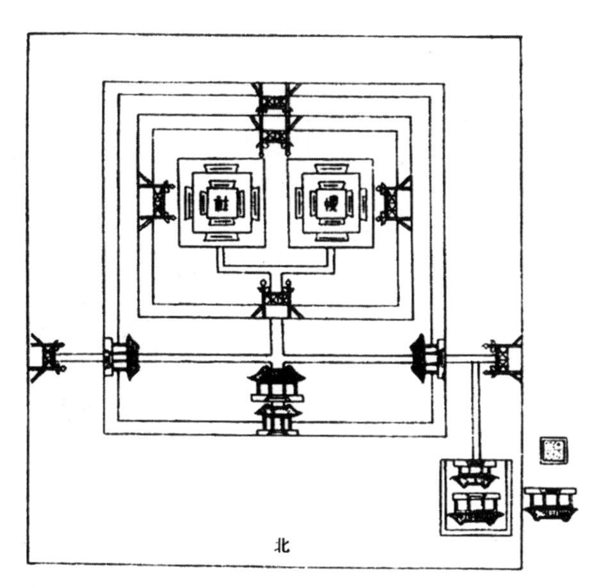

图一　王国社稷坛图式（《大明集礼》）

半，在坛之南方，坛周围筑墙四，各二十五步，祭用春秋二仲月上戊日，各坛正配位，各用笾豆，四豆、四簠、簋二、登铏各一、俎二，牲正配位，共用羊豕各一。

《大明集礼》：国朝郡县祭社稷，有司俱于本城土西北设坛致祭，坛高三尺，四出陛三级，方二尺五寸，从东至西二丈五尺，从南至北二丈五尺，右社左稷，社以石为主，其形如钟，长二尺五寸，方一尺一寸，剡其上培其下半，在坛之南方，坛外筑墙，周围一百步，四面各廿五步。（图二）

以上各坛制皆为明南京所定，明代立国北京，时间虽较久，其宫殿庙社一切制度，大都遵循太祖法规。当永乐帝决计迁都时，北京之营建，据《太宗实录》云："永乐十八年十二月癸亥，初营建北京，凡郊庙社稷坛场，宫殿门阙规制，悉如南京。"又《续通考》社稷坛条载：

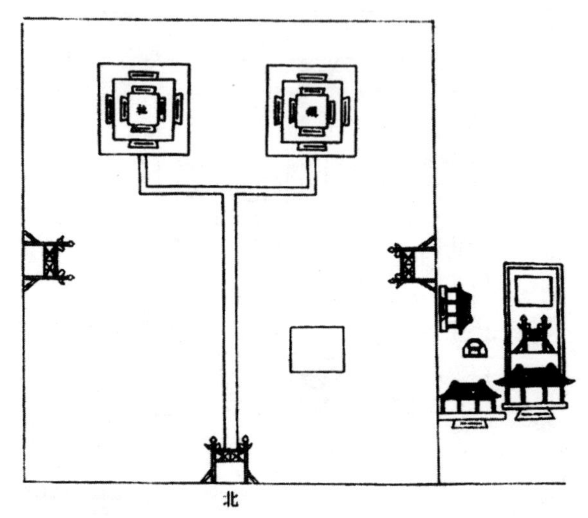

图二　郡县社稷坛图式（《大明集礼》）

“永乐十九年正月北京社稷坛成：时北京郊社宗庙成，是月帝躬诣太庙奉安祖宗神主，命皇太子诣南郊奉安上帝地祇神位，社稷坛遣太孙行事，其制祀礼，一如其旧。”《续通志》载：“永乐十九年建北京社稷坛，坛制祀礼一如南京旧制。”《通典》所载亦同。吾人可断定明北京社稷坛，其规制当即如洪武十年改建之式。又今日所见清代社稷坛，其规模与南京明代所留社稷坛之遗迹多同，即其灵星门形式雕斫亦相合。吾人更可假定清代之社稷坛，即袭明代之旧亦可，他日当实地测绘之，必可得确切证明也。

（选自《中国营造学社汇刊》第5卷第2期）

天　坛

郊祀天地，为古者最大之礼，具见经传，汉唐以来，其体愈重，故古人有言曰：“国之大者在祀，而祀之大者在郊。”祭天之礼，其来尚矣。以天象圆，以地象方，故祭天之坛曰圜丘，祭地之坛曰方泽，古人之说，固不合于近世之学，要亦研究历史文化不能弃置者也。至其坛殿规制；有明一代，圜丘坛凡三易其制，首创于太祖吴元年，改制于洪武四年，再改于十年，至世宗嘉靖九年，又廓大改建，迄于明亡，遵而未改。下所录各史料，于明代圜丘创置沿革，可知大概，并附以清代制度，以供参考，盖清人所习用者，皆明旧型，而明代制度，有待于清人载籍补充者亦正多也。

一　明代之天坛

明初制度

明太祖在南京称吴元年时，即建设圜丘祀典，定坛壝之制。见于明代载籍中者，首为《实录》。其记曰："吴元年八月癸丑，圜丘、方丘及社稷坛成。圜丘在京城东南正阳门外钟山之阳，仿汉制为坛二成。第一成广七丈，高八尺一寸，四出陛。正南陛九级，广九尺五寸。东西北陛，亦九级，皆广八尺一寸，坛面及址，甃以琉璃砖，四面琉璃栏杆环之，第二成周围坛面皆广二丈五尺，高八尺一寸。正南陛九级，广一丈二尺五寸，东西北陛九级，皆广一丈一尺九寸五分。坛面址及栏杆如上成之制。壝去坛一十五丈，高八尺一寸，甃以砖。四面为灵星门。南为门三；中门广一丈四尺五寸，左门一丈一尺五寸五分，右门九尺五寸。东西北各为门一，各广九尺五寸。去壝（原书去壝上佚外垣二字）一十五丈，四面为灵星门。南为门三，中门广一丈九尺五寸，左门一丈二尺五寸，右门一丈一尺九寸五分。东西北为门各一，各广一丈一尺九寸五分。四面直门外，各为甬道，其广皆如门。为天库五间，在外墙灵星门外南。厨房五间西向，库五间南向，宰牲房三间，天池一所，俱在外墙东。灵星门外东北隅。牌楼二，在外墙灵星门外横甬道东西。燎坛在内壝外东南丙地，高九尺，阔七尺，开上，南出户。"

《明集礼》载："国朝为坛二成，下成阔七丈，高八尺一寸。四出陛。正南陛阔九尺五寸，九级。东西北陛，俱阔八尺一寸，九级。上成阔五丈，高八尺一寸。正南陛一丈二尺五寸，九级。东西北陛俱阔一丈一尺九寸五分，九级。坛上下甃以琉璃砖，四面作琉璃栏杆。壝去坛一十五丈，高八尺一寸，甃以砖，四面有灵星门，周围外墙去壝一十五丈，四面亦有灵星门。天下神祇坛在东门外。天库五间，在外垣北南向。厨屋五间，在外坛东北西向。库房五间南向。宰牲房三间，天池一所，又在外库之东北。执事斋舍在坛外垣之东。牌楼二，在外门横甬道之东西。”（图一）

《明史》礼志载：“坛壝之制，明初建圜丘于正阳门外钟山之阳……圜丘坛二成。上成广七丈，高八尺一寸，四出陛，各九级，正南广九尺五寸，东西北八尺一寸。下成周围纵横皆广五丈，高视上成，陛皆九级，正南广一丈二尺五寸，东西北杀五寸五分。甃砖栏楯，皆以琉璃为之。壝去坛十五丈高八尺一寸。四面灵星门；南三门，东西北各一。外垣去壝十五丈，门制同。”

《续通典》载：“明太祖洪武元年始建圜丘，定郊社宗庙礼，岁

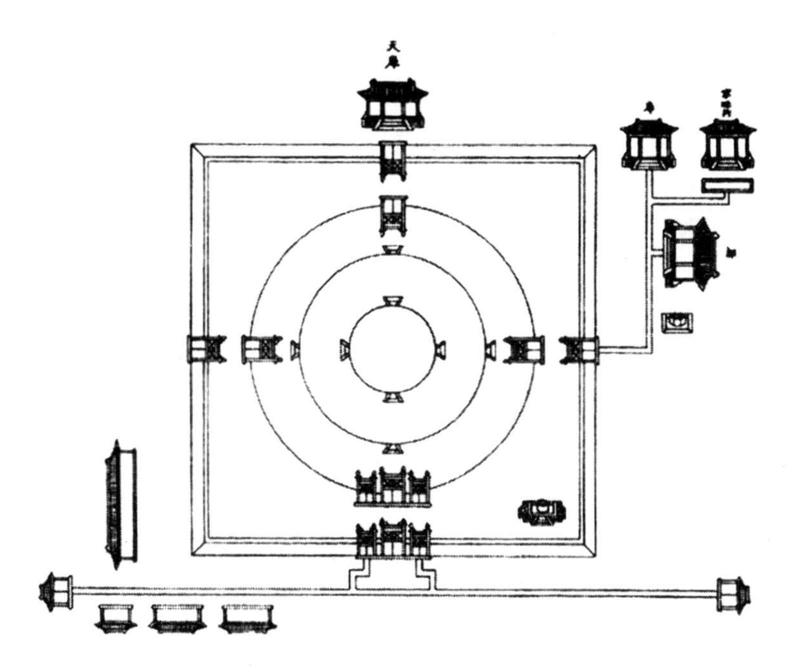

图一　明初圜丘图（自《大明集礼》重摹）

必亲祀。先是中书省臣李善长等奉敕撰进《郊祀议》……太祖从其议，建圜丘于钟山之阳，坛二成。上成广七丈，高八尺一寸，四出陛，各九级，正南广九尺五寸，东西北广八尺一寸。下成周围坛面纵横皆广五丈，高视上成，陛皆九级，正南广一丈二尺五寸，东西北杀五寸五分。甃砖栏楯，皆以琉璃为之。壝去坛十五丈，高八尺一寸。四面灵星门；南三门，东西北各一。外垣去壝十五丈，门制同。神库五楹，在外垣北南向。厨房五楹，在外垣东北，西向。库房五楹，南向。宰牲房三楹，天池一，又在外库房之北。执事斋舍在坛外垣之东南。坊二，在外门外横甬道之东西。燎坛在内壝外东南丙地，高九尺，广七尺，开上，南出户。”

《续通考》载：“明太祖吴元年八月圜丘成。先是丙午岁命有司营建庙社，至是告成。圜丘在京城东南正阳门外钟山之阳，为坛二成。上成广七丈，高八尺一寸，四出陛，各九级，正南广九尺五寸，东西北广八尺一寸。下成周围坛面皆广二丈五尺，高视上成，陛皆九级，正南广一丈二尺五寸，东西北杀五寸五分。二成上下甃砖及四面阑干，皆琉璃为之。壝去坛十五丈，高八尺一寸，甃以砖。四面为灵星门；南三门，中广一丈二尺五寸，左一丈一尺五寸五分，右九尺五寸；东西北各一，皆广如右门。外垣去壝十五丈，门制同；南三门，中广一丈九尺五寸，左一丈二尺五寸，右一丈一尺九寸五分；东西北门各一，亦广如右门。四面直外各为甬道，其广皆视门。天库五间在外垣北南向。神厨五间西向。库五间南向。宰牲房三间，天池一，俱在外垣东北隅。坊二，在外垣横甬道东西。燎坛在内壝外东南丙地，高九尺，广七尺，开上，南出户。”

上所引史料，各书叙述方法略异，其坛殿配置则相同，惟所记坛之尺度未尽合，如《实录》书一成、二成，《明史》、《通典》等书皆上成、下成，但吾人已知《实录》所谓之一成，即他书所谓之二成，盖所记之广度皆七丈也。（又《明集礼》虽亦书上成下成，但其所言尺度与各书适相反，其所谓下成实为上成，而上成则应为下成，盖集礼误颠倒上下二字也。当世宗嘉靖建坛时，亦曾以此为疑，而以《存心录》所记为证，《存心录》一书今未见。集礼之误，已无疑义，此事请阅后嘉靖改制时所引《通典》。）至于《实录》所谓之二成，当即他书之下成无疑矣。但有须研究者，则《实录》书："周围坛面皆广二丈五尺"，而《明史》《续通典》书："周围纵横皆广五丈"，相差适一倍。若从众说，则当准广五丈之言，但细译《实录》二丈五尺亦不误，其所以互异者，算法不同故也。盖《实录》仅记一面，《明史》则将周围二丈五尺对面相加，即为五丈，其差或在是也。吾人并将上成面积所占之七丈相加，则上下通径应为十一丈。

洪武四年改制

太祖改元洪武后，锐意修订礼乐，四年改筑郊坛，并亲定祭祀冕服，圜丘则于三月改筑。据《太祖实录》载："洪武四年三月丙戌，改筑圜丘、方丘坛。圜丘坛二成，上成面径四丈五尺，高五尺二寸。下成周围坛面皆广一丈六尺五寸，高四尺九寸。上下二成通径七丈八尺，高一丈一寸。坛址至内壝墙南北东西各九丈八尺五寸。内壝墙，南十三丈九尺四寸，北十一丈，东西各十一丈七尺。内壝墙高五尺，外壝墙高三尺六寸。"

《明史·礼志》载："洪武四年改筑圜丘。上成广四丈五尺，高二尺五寸。下成每面广一丈六尺五寸，高四尺九寸。二成通径七丈八尺。坛至内壝墙四面各九丈八尺五寸。内壝墙至外壝墙南十三丈九尺四寸，北十一丈，东西各十一丈七尺。"

《续通典》载："洪武四年三月改筑圜丘。上成面径广四丈五尺，高二尺五寸。下成每面广一丈六尺五寸，高四尺九寸。上下二成，通径七丈八尺。坛至内壝墙，四面各九丈八尺五寸。内壝墙至外壝墙南十三丈九尺四寸，北十一丈，东西各十一丈七尺。”

以上四年改制之史料，各书均合。圜丘坛壝较初制为小；其通径各书均为七丈八尺，盖下成一面一丈六尺五寸，对面加为三丈三尺，再加上成之四丈五尺，适得七丈八尺。此点可以证明初制度一节，所解释不同之算法，已不误矣。

大祀殿之制

明初分祀天地。圜丘制度，已见上辑各史料。洪武十年，太祖感斋居阴雨，览京房灾异之说，谓人君事天地，犹事父母，不宜分处，遂改定为合祀，即圜丘旧址以屋覆之，名曰大祀殿。其事散见各书，惟实录记之最详。《太祖实录》：“洪武十年八月庚戌，诏建圜丘于南郊。初，圜丘在钟山之阳，方丘在钟山之阴，上以分祭天地，揆之人情，有所未安，至是欲举合祀之典，乃命即圜丘之旧址为坛，而以屋覆之，曰大祀殿，敕太师韩国公李善长等董之。”至十一年十一月大祀殿成，实录：“洪武十一年十月，是月，大祀殿成。初郊祀之制，冬至祭天于圜丘，在钟山之阳。夏至祭地于方丘，在钟山之阴。至是即圜丘旧址，建大祀殿十二楹，中四楹饰以金，余施三采。正中作石台，设上帝皇祇神座于其上，每岁正月中旬，择日合祭，上具冕服行礼，奉祖淳皇帝配享。殿中前东西庑三十二楹。正南为大祀门六楹，接以步廊与殿庑通。殿后为库六楹，以贮神御之物，名曰天库，皆覆以黄琉璃瓦。设厨库于殿东少北，设宰牲亭于厨东又少北，皆以步廊通殿两庑，后缭以围墙，至南为石门三洞，以达大祀门内，谓之内坛。外围垣九里三十步，石门三洞。南为甬道三，中曰神道，左曰御道，右曰王道，道之两旁稍低为从官之道。斋宫在外垣内之西南，东向。于是敕太常曰：近命三公率工部役梓人于京师之南创大祀殿，以合祭皇天后土，冬十月告成。……其

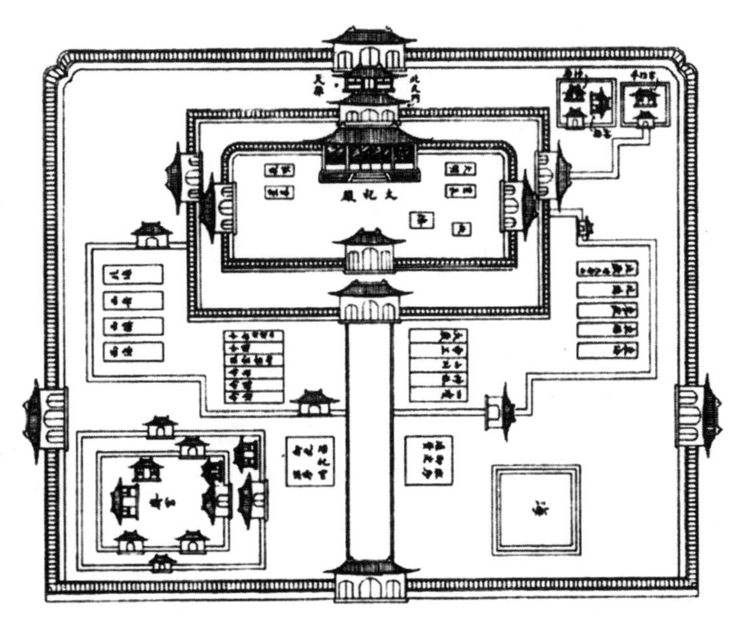

图二　明大祀殿图（自《万历会典》重摹）

后大祀殿复易以青琉璃瓦云。”（图二）

北京之坛制

前三节所述，皆明南京之制。自永乐帝以燕王入承大统，升其旧封之北平为北京；永乐十八年营建北京宫殿坛庙，其规制悉仿南京，而高广过之，具见载籍。如天顺间刻本《明一统志》载：“天地坛在正阳门之南左，缭以垣墙，周回十里，中为大祀殿，丹墀，东西四坛，以祀日月星辰。大祀门外，东西列二十坛，以祀岳，镇、海，渎，山，川，太岁，风，云，雷，雨，历代帝王，天下神祇。东坛末为具服殿。西南为斋宫。西南隅为神乐观牺牲所。”《春明梦余录》载：“祈谷坛大享殿，即大祀殿也，永乐十八年建，合祀天地于此。其制十二楹，中四楹饰以金，余施三采。正中作石台，设上帝皇祇神座于其上。殿前为东西庑三十二楹，正南为大祀门六楹，接以步庑，与殿庑通。殿后，为库六楹，以贮神御之物，名曰天库，皆覆以黄琉璃。其后大祀殿易以青琉璃瓦。坛之后树以松柏。外壝东南凿池凡二十区，冬月伐冰藏凌阴，以供夏秋祭祀之用，悉如太祖旧制。”有此证文，则明北京之天地坛，与南京无异，益觉信而有征。但《春明梦余录》成于明末清初，所谓祈谷坛大享者，乃世宗复初制而分祀天地时所改易者也，其事迹见大享殿节。

嘉靖九年复初制

《明史·礼志》载：……嘉靖九年，世宗既定明伦大典，益覃思制作之事，郊庙百神，咸欲斟酌古法，厘正旧章，乃问大学士张璁；书称燔柴祭天，又曰：类于上帝，孝经曰：郊祀后稷以配天，宗祀文王于明堂以配上帝，以形体主宰之异言也。朱子谓祭之于坛，谓之天，祭之屋下谓之帝，今大祀有殿，是屋下之帝，未见有祭天之礼也。况上帝皇地祇合祭一处，亦非专祭上帝。璁言国初遵古礼，分祭天地，后又合祀，说者谓大祀殿下坛上屋，屋即明堂，坛即圜丘，列圣相承，亦孔子从周之意。帝复谕璁二至分祀，万代不易之礼，今大祀殿拟周明堂或近矣，以为即圜丘实无谓也。因是下群臣议；分祀合祀，论者势均。嘉靖帝乃毅然复太祖旧制，露祭于坛，分南北郊，命礼工二部建圜丘于大祀殿前。是年十月圜丘成；明年夏，北郊及东西郊亦次告成，而分祀之制遂定。”其坛制，礼志坛壝之制载：“嘉靖九年复改分祀，建圜丘坛于正阳门外五里许，大祀殿之南。……圜丘二成，坛面及栏俱青琉璃，边角用白玉石，高广尺寸皆遵祖制，而神路转速。内门四；南门外燎炉毛血池，西南望灯台。外门亦四；南门外，左具服台，东门外，神库神厨，祭器库，宰牲亭，北门外正北，泰神殿正殿以藏上帝太祖之主，配殿以藏从祀诸神之主。外建四天门。东曰泰元。南曰昭亨。西曰广利，又西銮驾库，又西牺牲所，其北神乐观。北曰成贞。北门外西北为斋宫，迤西为坛门。坛北旧天地坛，即大祀殿也。”

世宗所建之圜丘，《明史》书遵祖制，但未言明为吴元年制，抑系洪武四年制。且《明史》书二成，其他载籍皆书三成，此点不可不研究。盖明天坛规制，自嘉靖改定，终明之世，遵而不改，而清人所引以为法规者，亦嘉靖制也。兹综合《明会典》《拟礼志》（北平图书馆藏写本）《春明梦余录》《续通考》各书观之，则嘉靖所改者应为三成，规模较旧制为大。《明会典》亦为三成。会典“圜丘三成，坛一成面径五丈九尺，高九尺。二成面径九丈，高八尺一寸。三成面径十二丈，高八尺一寸。各成面砖用一九七五阳数，及周围阑版柱子，皆青色琉璃。四出陛，各九级，白石为之。内壝圆墙九十七丈五寸，高八尺一寸，厚二尺七寸五分。灵星石门六，正南三，东西北各一。外壝方墙二百四丈八尺五寸，高九尺一寸，厚二尺七寸，灵星门如前（高用周尺余今尺下同）又外围方墙为门四，南曰昭亨，东曰泰元，西曰广利，北曰成贞。”《拟礼志》记曰：“嘉靖九年上锐意太平，考正礼乐，给事中夏言以分祀请，下廷臣议…遂作圜丘于旧天地坛，建于正阳门外五里许，为制三成。祭时上帝南向，太祖西向，俱一成上。其从祀四坛，俱二成上。坛面并周栏青琉璃，东西南北阶九级，俱白石。内灵星门四。南门外，东南砌绿灯炉，燔柴焚祝帛，傍砌毛血池。西南筑望灯台，祭时悬大灯于竿末。外灵星门亦四。南门外左设具服台。东门外建神库，神厨祭器库，宰牲亭。北门外正北建泰神殿，后改为皇穹宇，藏神版，翼以两庑，藏从祀神牌。外建四天门。东曰泰元。南曰昭亨。左右石牌坊凡二座。西曰广利，又西曰銮驾库，又西为牺牲所，北为神乐观。北曰成贞，门外西北为斋宫，迤西为坛门。坛稍北，有坛在，即大祀殿也。”

《春明梦余录》所记更详：“……嘉靖九年从给事中夏言之议，遂于大祀殿之南建圜丘，为制三成。祭时上帝南向，太祖西向，俱一成上。其从祀四坛，东一坛大明，西一坛夜明，东二坛二十八宿，西二坛风云雷雨，俱二成上。别建地祇坛。坛制一成面径五丈九尺。高九尺，二成面径九丈，高八尺一寸。三成面径十二丈，高八尺一寸。各成面砖用一九七五阳数，及周围栏版柱子皆青色琉璃。四出陛，各九级，白石为之。内壝圆墙九十七丈七尺五寸，高八尺一寸，厚二尺七寸五分，棂星石门六，正南三，东西北各一。外壝方墙二百四丈八尺五寸，高九尺一寸，厚二尺七寸，棂星门如前。又外围方墙为门四；南曰昭亨，东曰泰元，西曰广利。北曰成贞。内棂星门南门外东南砌绿磁燎炉，傍毛血池，西南望灯台，长竿悬大灯。外棂星门南门外左设具服台。东门外建神库，神厨，祭品库，宰牲亭。北门外正北建泰神殿，后改为皇穹宇，藏上帝太祖之神版，翼以两庑，藏从祀之神牌。又西为銮驾库，又西为牺牲所，北为神乐观。北曰成贞门，外为斋宫，迤西为坛门。坛稍北有旧天地坛在焉，即大祀殿也。嘉靖二十二年改为大享殿。殿后为皇乾殿，以藏神版。以岁孟春上辛日祀上帝于大享殿，举祈谷礼。季秋行大享礼以二祖并配，至郊祀专奉太祖配。十年改以启蛰日行祈谷礼于圜丘，仍专奉太祖本。十七年改昊天上帝称皇天上帝。是年欲仿明堂之制，宗祀皇考以配上帝，诏举大享礼于元极宝殿，奉睿宗献皇帝配。元极宝殿者，大内钦安殿也。殿在乾清宫垣后。隆庆元年罢大享祈谷礼，元极殿仍改为钦安殿。圜丘泰元门东有崇雩坛，为制一成，东为神库，嘉靖中，时以孟夏后祭天祷雨，祈谷坛成，未行而罢。”

当嘉靖议改分祀之先，集礼臣而议圜丘之制，以载籍所著，旧坛尺度不一，无所适从，始诏定三成。《续文献通典》著其事：“……嘉靖九年……命户礼工三部，偕夏言等诣南郊，相择南天门外有自然之丘，佥谓旧丘地位偏东，不宜袭用，礼臣欲于具服殿少南为圜丘。言复奏曰，圜丘祀天，宜即高敞，以展对越之敬。大祀殿享帝，宜即清闷，以尽昭事之诚。二祭时义不同，则坛殿相去，亦宜有所区别。乞于具服殿稍南，为大祀殿，而圜丘更移于前，体势峻极，可与大祀殿等。制曰可。于是圜丘是年十月工成。明年夏，北郊及东西郊亦以次告成，而分祀之制遂定。礼臣言：圜丘之制，《大明集礼》坛上成阔五丈，《存心录》则第一层坛阔七丈，《集礼》二成阔七丈，《存心录》则第二层坛面周围俱阔二丈五尺，盖《集礼》之二成，即《存心录》之第一层，《存心录》之二层，即《集礼》之一成矣。臣等无所适从。惟皇上裁定。诏圜丘第一层径阔五丈九尺，高九尺，二层径十丈五尺（礼志作九丈）三层径二十二丈（体志作十二丈）俱高八尺一寸，地面四方渐垫起五丈。又定祭时上帝南向，太祖西向，俱一成上。其从祀四坛，东大明，西夜明，次东二十八宿五星周天星辰，次西风云雷雨，俱二成。各成面砖用一九七五阳数，及周围栏板柱子皆青色琉璃。四出陛，陛各九级，白石为之。内壝圆墙九十七丈七尺五寸，高八尺一寸，厚二尺七寸五分。灵星门五：正南三，东西北各一。外壝方墙二百有四丈八尺五寸，高七尺一寸，厚二尺七寸，灵星门如前。又外围方墙为门四；南曰昭亨，东曰泰元，西曰广利，北曰成贞。内灵星门南门外，东南砌绿磁燎炉，傍毛血池。西南望灯台，长竿悬大灯。外灵星门南门外，左设具服台。东南门外建神库，神厨，祭品库，宰牲亭。北门外正北建泰神殿，后改为皇穹宇，藏上帝太祖之神版，翼以两庑，藏从祀之神版。又西为銮驾库，又西为牺牲所，少北为神乐观。成贞门外为斋宫，迤西为坛门。坛北旧天地坛，即大祀殿也。”（图三至五）

崇雩坛之增设

明初定雩祭，为水旱灾伤及非常变异设，但不设坛，或露祭中，或祭告郊庙陵寝，无常仪。至嘉靖九年，始于圜丘泰元东门外，建崇雩坛，载《明史》礼志。其制度载于会典：“坛在泰元门外，圆广五丈，高七尺五寸，四出陛各九级。内壝圆墙径二十七丈，高四尺九寸五分，

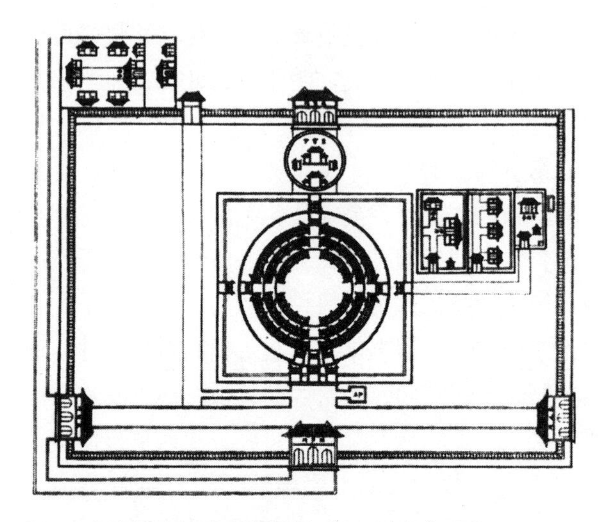

图三　明嘉靖建之圜丘总图（自《万历会典》重摹）

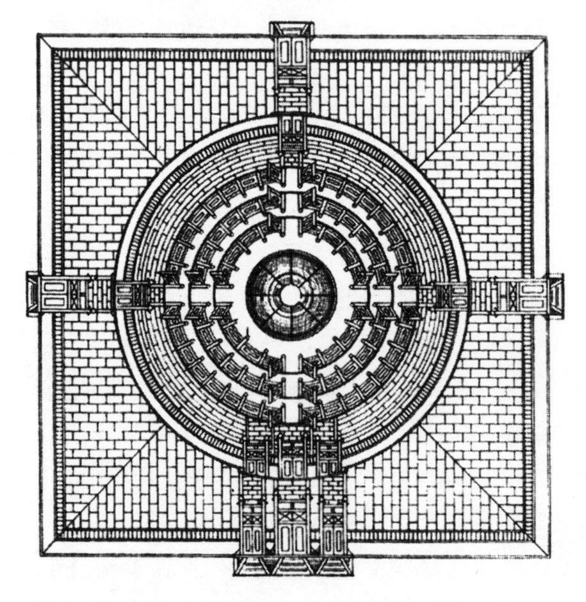

图四　明嘉靖建之圜丘图（自《万历会典》重摹）

图五　明嘉靖建之皇穹宇图（自《万历会典》重摹）

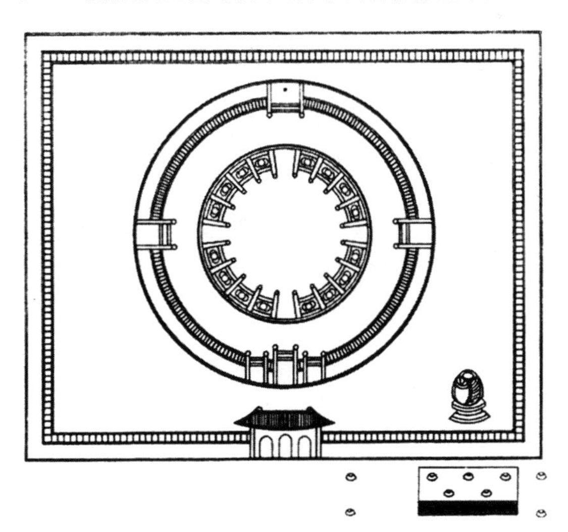

图六　明崇雩坛图（自《万历会典》重摹）

厚二尺五寸。灵星门六，正南三，东西北各一。外围方墙四十五丈，高八尺一寸。厚二尺七寸，正南三门，曰崇雩门，共为一区，在南郊之西。外围墙东西阔八十一丈五尺，南北进深五十六丈九尺，厚三尺。”（图六）

建大享殿

世宗既改分祀天地，别建圜丘与方泽，而大祀殿已废，因从诸臣之请，遂以大祀殿为祈谷坛，十七年撤之，十九年即旧址建大享殿，（图版陆）见《明史》礼志。大享之建，实录记之较详，列举如左：

（一）“嘉靖十九年十月戊辰，建南郊大享殿。”

（二）“嘉靖二十年四月暂止大享殿工。”

（三）“嘉靖二十四年六月己未，礼部尚书费寀等奏，大享殿工程将竣，大享殿三字原系钦定及大享门字样，合先期装匾书写。因言先年圜丘藏神位之所，初名泰神殿，续改为皇穹宇，即今神御版殿，亦系奉藏神位，合题请额名，准复仍旧。上曰，门名已定，殿名恭曰皇乾，俱书制如期。”（图七）

名称之区别

当嘉靖以前祀天之坛，即名圜丘，及改分祀，始诏改圜丘为天坛，后从礼部尚书夏言之议，二名并行，用异其时。《世宗实录》：“嘉靖十三年二月己卯，诏更圜丘名为天坛，方泽为地坛。礼部尚书夏言奏：圜丘方泽，本法象定名未可遽易，第称圜丘坛省牲则于名义未协。今后冬至大报起蛰祈谷祀天，夏至祭地，祝文宜仍称圜丘、方泽。其省牲及一应公物有事坛所，称天坛、地坛。从之。”清代亦如是，盖亦沿明旧章也。

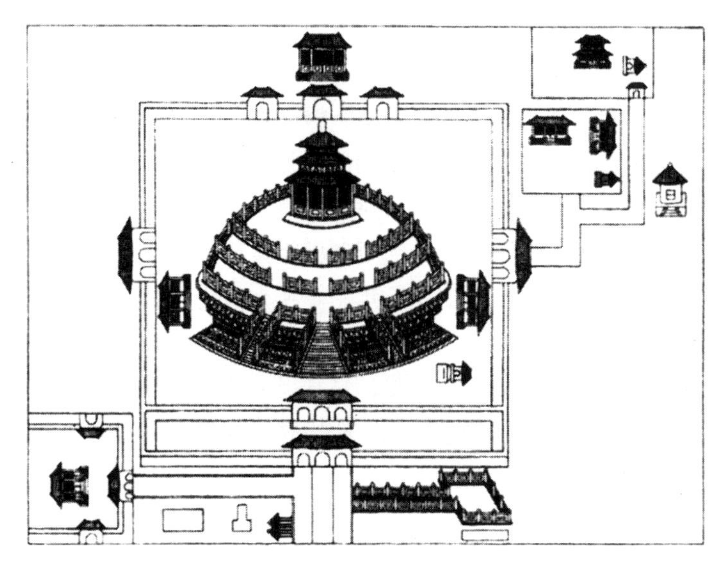

图七　明嘉靖建大享殿图（自《万历会典》重摹）

二　清代之天坛

据《清史稿·礼志》载："坛壝之制，天聪十年度地盛京，建圜丘方泽坛，祭告天地，改元崇德。天坛制圆三成，上九九重，周一丈八尺，二成七重三丈六尺，三成五重周五丈四尺，俱高三丈，垣百有三丈。"此为关外之制，但清代历次所修会典，关外之制，皆未尝述及，盖清人亦以入都北京为正统，《清史稿》述及者，不过示清代立国之渊源，而备掌故而已。清师自顺治元年进关，即遣使告祭北京天坛，按北京当年，虽经李自成之变，但宫殿坛庙，未尝大事摧毁，清初之宫室坛庙，以理推之，当多为明人之旧，以文献考之，益觉信而有征。本文研究清代天坛规制，区为二节：一顺康雍时代之天坛，二乾隆以后之天坛，兹将所辑史料，分述于下。

顺康雍时代之天坛

清世祖顺治一朝，于天坛之营缮，极鲜纪载。虽《清史稿·礼志》中有世祖奠鼎燕京，建圜丘于正阳门外南郊之语，（《清史稿》所叙关内制度与《清会典》同故不引）其意未肯直述袭明旧物耳。且礼志序又有“……祀典初循明旧”之言，则所谓世祖定燕设坛云云，为史馆之曲笔，非实录也。清圣祖康熙二十三年纂修《大清会典》，其记天坛圜丘曰：“圜丘三成，坛南向。一成面径五丈九尺，高九尺。二成面径九尺，高八尺一寸。三成面径十二丈，高八尺一寸。各成面砖用一九七五阳数，及周围阑版柱子皆青色琉璃。四出陛各九级，白石为之。内壝圆墙九十七丈七尺五寸，高八尺一寸，厚二尺七寸五分。棂星石门四面各三。外壝方墙二百四丈八尺五寸，高九尺一寸，厚二尺七寸，棂星门如前。（高用周尺余今尺下同）坛之东有神库，神厨，祭器库，宰牲亭。坛之西有神乐观，牺牲所，銮驾库。又外围方墙为门四：南曰昭亨，东曰泰元，西曰广利，北曰成贞”。“皇穹宇（在圜丘后）制圆象天，环转八柱，圆顶重檐，覆以青瓦，中安宝顶。东西南三出陛，各十四级。槛墙栏柱俱用青色琉璃。左右两庑各五间，亦覆青瓦。四围圆墙，前设门三。”“大享殿（在圜丘坛北）殿以圆为制，周围共十二柱，内柱亦十有二，中龙井柱四。圆顶三层；上覆青瓦，中覆黄瓦，下覆绿瓦。中安宝顶。殿陛周围三级，白石为之。殿台三层，俱有石栏。前后各三出陛，上中各九级，下十级，东西一出陛，级同。左右两庑各二座：前庑九间，后庑七间，俱覆绿瓦。四围方墙。前为大享门，东西北各有门。又外围墙为门四，南即成贞门，东西各有门。后为皇乾殿五间，上覆青瓦，下绕石栏。墙之东有神库，神厨，宰牲亭。西南为斋宫”。（图八、九）

清代初纂本《会典》。所示吾人之天坛状况如上文，所载者，其

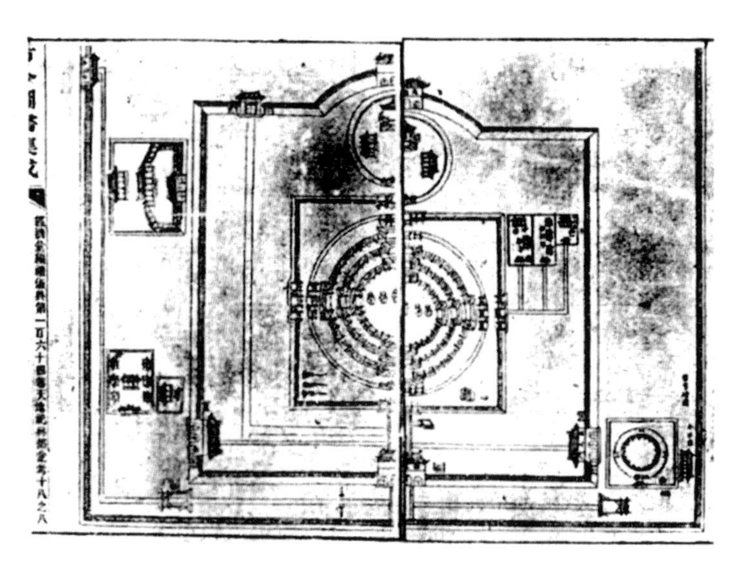

图八　清前期之圜丘图（转自《古今图书集成》）

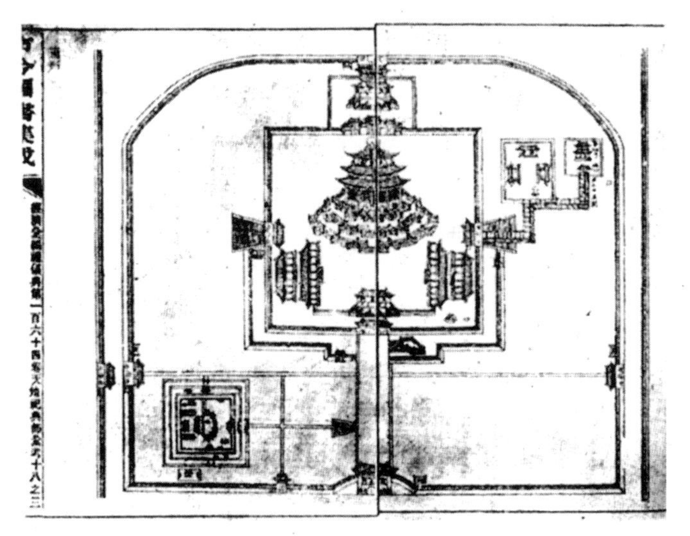

图九　清顺康雍时代之大享殿图（自《古今图书集成》转载）

圜丘规制，与前所引《明会典》所记圜丘文字，大体皆同。即所注用之尺，如“高用周尺，余用今尺下同”，等字样亦同，可为清人袭用明人旧物之强有力证据。惟自皇穹宇以下，大享殿各处，《明会典》于其殿宇间数规制，皆约略不详，《清会典》则著录详尽。按《明会典》凡三次纂修，现习见之本，有四库著录之弘治本及流传较多万历本。（即最后续修本）本文所引文字及图皆为万历本，其文简略为最大憾事，盖自皇穹宇以下，无从与《清会典》相互证也。至于图，则亦简陋殊甚，如圜丘西应有銮驾库，牺牲所，神乐观，而图则无。关于此点几使吾人疑明代原无此制，而为清初所创建者，幸有孙承泽《春明梦余录》可释此疑。孙氏此书成于明清交替之际，其述明圜丘也，所据载籍，所见实物，其为明制无疑，如所述銮驾库等处之配置与《清会典》均合，足补《明会典》之阙。《明史·礼志》虽亦书为广利门外有銮驾库等，但不及《春明梦余录》详。现依据明末次纂修之《会典》，（万历本）与清初纂本之《会典》（康熙本）及《春明梦余录》三书，相互引证，所得结果，为清初天坛，大体皆为明旧，而其显著不同之点，有圜丘内外棂星门之数目，与大享殿两庑之层数等。如《明会典》书：“内外棂星石门各六，正南三，东西北各一”，《清会典》图：“内外棂星石门四面各三”，此当为清人所增置，惜其年月不详耳。（《会典》本书未著明，顺康《实录》亦未曾述及）圜丘西南之望灯杆，明代为一座，清代为三座（见《雍正会典》）。又大享殿两庑，《春明梦余录》书：“明制东西两庑三十二间”，《清会典》则书“东西庑各二座，前庑九间，后庑七间”，其总数亦为三十二间，疑孙氏文字述法与《清会典》不同，但《明会典》图亦为一层，遂疑为清初所改。然检顺康二朝实录，均未载此事，后于《嘉庆会典》事例中，知乾隆始改为一层，且申述二层为明旧制，（详见后）更觉《明会典》图之陋矣。又康熙时会典图，祈年殿有廊房七十五间，通神库、神厨、宰牲亭，明会典亦未言及，图则略具其式，因忆及明嘉靖之改大祀殿为大享殿，其地位未尝变更，其神库等处当亦为旧制，拟考大祀殿时是否有廊，以证之。按《明太祖实录》载："明洪武十一年大祀殿成：……设厨库于殿东稍北，宰牲亭于厨东，又稍北，皆以步廊通殿两庑……"永乐建北京坛庙悉仿南京，则大祀殿厨库有廊通两庑，当无疑义。嘉靖分祀天地，改大祀为大享，其地位未变，则厨库之廊亦应存在。以此推之，对此七十五间长廊，仍不能否认非明代旧制也。《明会典》所以不详者，亦自有故：盖大享之礼，世宗仅一行之，旋即罢辍（崇祯末年又复行），礼虽废而殿宇未撤，后修之《会典》不能不存其名，其详制自必略而不载矣。

清雍正一朝，享国不久，事事皆仿祖制，礼乐制度，少所建树，其天坛规制，除增加望灯桅杆三座外，余与康雍《会典》所述悉合。（按今日所见之天坛图，最早者当推故宫文献馆所藏之坛庙图，次为北平图书馆所藏康熙本会典图，三为图书集成中所绘之图，前二者原书皆极珍贵，引用摹写，稍觉不便，而图书集成所著之图，与前二本相同故用之。）

乾隆以后之天坛

清历朝实录中于天坛营缮事，采著极少，清《皇朝文献通考》各书，则又重于礼仪，《清史稿》礼志详于坛殿初制，而略损益之沿革，可信而足资考据者，厥为会典。按清代会典凡五本；首纂于康熙，再修于雍正，三修于乾隆，别订则例，至嘉庆四次纂修，事例愈备；至光绪五次修本，体例则悉仿嘉庆。综此五本，康雍本略嫌简，嘉庆本最完善，乾隆本则例亦不及嘉庆本详，光绪本与嘉庆本同。盖康雍会典，仅于圜丘皇穹宇大享殿等处叙述较明，其斋宫神乐观各处，则约略不详，嘉庆本首述原定规制，次述改定事例，条分缕析，记载详明，欲考乾隆以后之制度，及补证康雍会典之不足，舍此不可。其文如左：

《嘉庆会典》坛庙规制："天坛　原定圜丘在正阳门外，制圆南向三成。上成面径五丈九尺，高九尺。二成面径九丈，高八尺一寸。三成面径十有二丈，高八尺一寸。每成面砖用一九七五阳数，周围阑版及柱皆青色琉璃。四出陛各九级，白石为之。内壝周九十七丈七尺五寸，高八尺一寸，厚二尺七寸五分。四面各三门，楔阈皆制以石，朱扉有棂。门外各石柱二，绿色琉璃燔柴炉一，瘗坎一。外壝方二百四丈八尺五寸，高九尺一寸厚二尺七寸门制如前。（高用周尺余用今尺下同）"

"皇穹宇在圜丘后，制圆八柱，旋转重檐，上安金顶。基周十有三丈七寸，高九尺，阑版高三尺六寸，东西南三出陛，各十有四级。左右庑各五间，一出陛，皆七级。殿庑槛均青色琉璃。围垣周五十六丈六尺八寸，高丈有八寸。门三，南向。坛外壝门外东北为神库五间，南向。神厨五间，井亭一六角，闲以朱棂，均西向。垣一，重门一，南向。祭器库，乐器库，棕荐库，各三间西向，垣一，重门一，南向。宰牲亭三间，南向。井亭一，六角，闲以朱棂，西向。垣一，重门一南向。坛内垣东西南皆方，正北为圆形，设四门，东曰泰元，南曰昭亨，西曰广利，北曰成贞，皆三间。广利门南角门一。昭亨门外东西石牌坊各一。成贞门西大门一。左右门各一，为车驾诣坛宿斋宫出入之门。"

"大享殿在圜丘北，制圆南向。外柱十二，内柱十二，中龙井柱四。圆顶三层，上覆青色，中黄色，下绿色琉璃，上安金顶。殿基三成，卫以石阑，南北各三出陛，东西各一出陛，上二成各九级，三成各十级。东西两庑二重，前各九间，后各七间，均覆绿琉璃。前为大享门五间，亦覆绿琉璃，崇基石阑，前后三出陛，各十有一级。门东南绿色琉璃，燔柴炉一，瘗坎一，南向。内壝方一百九十丈七尺二寸。东西南砖门三，各三间。北琉璃门三座。后为皇乾殿，南向，五间，上覆青琉璃，下卫石阑，五出陛，各九级。东砖门外廊房七十二间，联檐通脊。北为神库五间，南向。左右神厨各五间，东西向。井亭一，六角，闲以朱棂，西向。垣一。重门一。东为宰牲亭五间，南向。井亭一，六角，闲以朱棂，西向。垣一，重门一，均南向。成贞门外西北为斋宫，东向，正殿五间，崇基石阑，三出陛，正面十有三级，左右各十有五级。陛前设斋戒铜人时辰牌。石亭各一。后殿五间。左右配殿各三间。内宫墙方一百十三丈九尺四寸，中三门，左右各一门。前跨三石梁，左右各一梁。钟楼一座。回廊一百六十三间。外宫墙方一百九十八丈二尺二寸。大享殿内垣，南接圜丘，东西环转，至北为圆形。东西北坛门各三间。西门南角门一。墙内垣共周千二百八十六丈一尺五寸，高丈一尺，址厚九尺，顶厚七尺。坛门七座，每座三间。”

“神乐观东向。正中大殿五间，崇基三出陛，各六级。左右步廊各二间。后显佑殿七间，左右各三间。殿后袍服库二十三间。典礼署奉祀堂南北各三间，左右门各三间。左门东通赞房。恪恭堂各三间，正伦堂，候公堂，各五间。南转穆佾所三间。右门东掌乐房、协律堂各三间。教师房、伶伦堂各五间。北转昭佾所三间。前后均联檐通脊。正门三间，三出陛，各四级。围墙东西四十四丈四尺，南北二十丈七尺二寸。”

“牺牲所南向，大门三间，内花门一座，正房十有一间。中三间奉司牺牲神。左右牧夫房各二间，牛房各二间，后屋十有六间，内满汉所牧房各三间，所军房一间，贮草房五间，草夫房四间。东边两重四十八间，内贮料房二间，贮草房三间，牛房十有五间，羊房五间，鹿房二十间，兔房三间。西边一重十有五间，内库房一间，泡料房、磨房各二间，豕房五间，牛房五间，鹿槛、牛枋均分列屋之左右。西北隅官厅三间，东向，井一，北门一间。围墙东西五十二丈，南北五十二丈五尺。墙外垣前方后圆，周千九百八十七丈五尺，高一丈一尺五寸，址厚八尺，顶厚六尺。西向门一，三门，角门一。”

观上引《嘉庆会典》记载之详尽，其原定规制一节，足可补康雍时代之阙，进一步又可上溯明制，盖《明会典》之略，犹不及清康雍《会典》，前已言之矣，惟以嘉庆本上溯明制，有不可者，乃衙署名称，如牺牲所之满汉牧房，当为清人所增置，至于建筑物之配置，吾人仍不能否认非明代旧规也。

前一节所述者，仍为乾隆以前天坛，非乾隆以后者，乾隆以后者究如何，此点请寻《嘉庆会典》事例：

事例云："乾隆八年，修理斋宫，建正殿五间，左右配殿六间，内宫门一座，回廊六间。修理券殿一座，方亭一座，宫门六座，石桥十座，钟楼一座，外围廊房一百六十三间，拆墁月台，修理河道墙垣……又改神乐观名为神乐所。……十四年，以圜丘坛上张幄次陈祭品处过窄，议定展宽。依康熙御制《律吕正义》古尺，上成径九丈，取九数。二成径十有五丈，取五数。三成径二十一丈，取三七之数。上成为一九，二成为三五，三成为三七，以全一三五七九天数，且合九丈十五丈二十一丈，共成四十五丈，以符九五之义。至坛面砖数，原制上成九重，二成七重，三成五重。上成砖取阳数之极，自一九起递加环砌以至九九。二成三成，围砖不拘，未免参差。今坛面既加展宽，二成三成亦应用九重递加环砌。二成自九十至百六十二，三成自百七十一至二百四十三。四周栏板，原制上成每面用九，二成每面十有七，取除十用七之义。三成每面积五，用二十五，虽各成均属阳数，而各计三成数目，并无所取义。今坛面丈尺既加宽展，请将三成栏板之数，共用三百六十，以应周天三百六十度。上成每面十有八，四面计七十二，各长二尺三寸有奇。二成每面二十七，四面计百有八，各长二尺六寸有奇。三成每面四十五，四面计百八十，各长二尺二寸有奇。每成每面，亦皆与九数相合，总计三百六十，取义尤明。再三成径数均系古尺，而所定中心圆面，周围压面，及九重之长，则皆系今尺。至三成台高，现今上成高五尺七寸，二成高五尺二寸，三成高五尺，并栏柱长阔高厚，以及阶级宽深，亦皆系今尺。再坛面甃砌及栏板栏柱，旧皆青色琉璃，今改用艾叶青石，朴素浑坚，堪垂永久，饬令管工官于直隶房山县开采选用……十五年谕，大享殿前两庑，系前后两重，乃前明时袷祭所建，今袷祭之礼既不举行，而前后两庑又属参差，俟兴修时，将后一层拆去……十六年奏准，祈谷坛牌扁旧书大享二字，殿与门同，名义未协。盖缘前明初建大祀殿，合祀天地。至嘉靖九年，定南北郊二至分祀，罢大祀殿不用。十七年议举

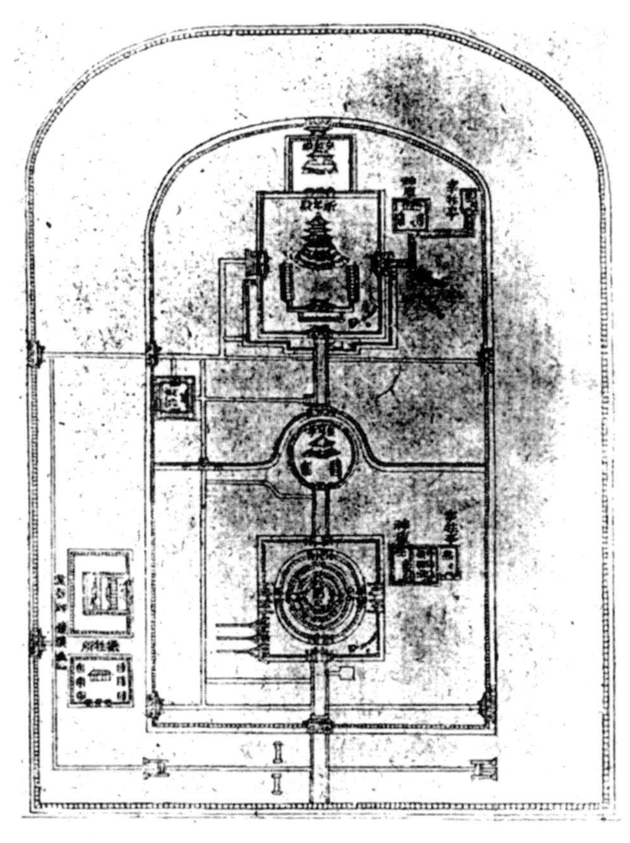

图十　清乾隆改易后之天坛总图（自《嘉庆会典》转载）

明堂秋飨，遂改大祀为大享殿。国朝即于其地举行祈谷之礼，旧有题额袭用未改。考大享之名，与孟春祈谷异义，应请前荐嘉名奉旨改为祈年殿，门为祈年门。”以下尚有祈年殿等处改换瓦色，皇穹宇改单檐成造等，兹不全录，后附比较表，可以检阅。

依据清历次《会典》所示，顺康雍时代之天坛，于明制未尝多事更易，其不同处，仅为圜丘之棂星门与望灯杆数量增多，又神乐观正殿太和额名，改称凝禧而已，（太和改凝禧为康熙八年，事见《嘉庆会典事例》）至高宗乾隆十四年始扩大圜丘规制，撤崇雩坛及更易各处砖瓦诸事。至坛殿之配置，与明代初无差别。乾隆以下嘉道咸同四朝，仅有岁修，无大兴建。（图十）

光绪十四年，祈年殿毁于雷火，十六年重修，于旧制亦无变更。于此吾人可以结论，北京天坛之沿革，明嘉靖至清雍正为一时期，乾隆至清末为一时期，至若论其轮廓，则今日所见者，固犹嘉靖时旧型也。惟有一点未能明了者，即祈年殿东砖门通神厨之长廊，据康雍时代其图考之，（《坛庙图康雍会典图》图书集成天坛图）皆为七十五间，而嘉庆图已为七十二间，据《乾隆会典》：“内壝东门外长廊七十二间，二十七间至神厨井亭，又四十五间至宰牲亭，为祭时进俎豆避雨雪之用”，则改七十五间为七十二间，为乾隆时无疑。

光绪朝祈年殿之烧毁及重建

祈年殿焚于光绪中叶，据光绪《东华录》载：“光绪十五年八月丁酉，天坛祈年殿灾。己亥，奎润等奏，本月二十四日据天坛奉祀刘世印呈报，是日申刻雷雨交作，瞥见祈年殿匾额被雷击落，陡然火起，刻即传知营汛五城水局去后等情前来。臣等即率同司员，驰赴天坛，会同营汛水局绅董竭力救护，火已燎垣，无从措手。祈年殿后为皇乾殿，向来供奉神牌之所，惟火已逼近，深恐延及，臣等当即督饬司员，率领奉祀等官，并营汛水局，极力救护，幸神牌龛座及陈设一切，均皆安善。并抢护祈年殿宝座八座，祭器多件。随即扑灭祈年殿余烬，并未延及他处。讯据值班坛户火起情由，佥称雷雨之际，忽见祈年殿前檐烟焰烘腾，即时火起，并无别故。再四研诘，坚执不移。核与该奉祀呈报无异，自系确实情形。该奉祀刘世印职司典守，究属疏于防范，咎实难辞。除将该值班坛户孙荣德，魏连升，王德海等，由臣等咨交顺天府自行办理外，相应请旨，将该奉祀刘世印交部议处。臣等亦有应得之咎，请交部察议。至延烧祈年殿一座，应由臣等咨行工部办理……”至于延烧之情形，见礼部九月戊申折报：“礼部奏，本年八月二十四日天坛祈年殿被雷火延烧，经臣等将起火情形奏明在案，当将所奏各节行知工部去后，臣等连日前往查看延烧情形，瓦木均各无存，灰土堆积甚厚。恭查殿内正位原有石台一座，上面木栏杆并前面石阶三出陛各五级，东西配位石台各统一阶，其地平原系青石围墁，均经烧裂多有酥碱……”

光绪十六年重建祈年殿，大体仍依旧制，见《天咫偶闻》：“光绪乙丑八月，大雷雨，天坛祈年殿灾，一昼一夜始息，诏群臣修省。于是议重建，而《会典》无图，且不载其崇卑之制，工部无凭勘估。搜之《明会典》亦不得。乃集工师询之，有曾与于小修之役者，知其约略，以其言绘图进呈，制始定。至丙申乃毕工。”惟震钧谓明清会典无图，实误，盖会典所缺者乃做法耳。现国立北平图书馆藏有《天坛工程做法》一册，系重修时工部算房之底本，虽施工后略有更变，而大体仍与现状符会，实为研究此殿结构做法最重要之参考书。闻最近北平故都文物整理会委托基泰工程司修葺天坛，实际测绘所得，当较故籍中所辑之文献为有据。若以实测所得之规模与文献互证，当更得正确可信之结果矣。

三 明清之比较

明清坛殿比较表

名 称	明 代	清 代		备 考
		顺康雍时代	乾隆至清末	
圜丘	正阳门外东南，三成，一成面径五丈九尺，高九尺，二成面径九丈,高八尺一寸，三成面径十二丈，高八尺一寸	同上	三成，一成面径九丈，高五尺七寸，二成径十五丈，高五尺二寸，三成径二十一丈，高五尺	
内外壝灵星门	内外各三，东西北各一	内外四面各三	同上	改建时代不详
外围墙门	南曰昭亨，东曰泰元,西曰广利，北曰成贞	同上	同上	俗名四天门
具服台	圜丘南门外左	同上	同上	
皇穹宇	圜丘北，重檐，两庑	同上	单檐，两庑	乾隆八年改建
銮驾库	圜丘西天门外	同上	无	撤去年月不详
牺牲所	銮驾库西	同上	同上	
神乐观	牺牲所北	同上	同上	乾隆八年改称神乐所

续表

名　称	明　代	清　代		备　考
		顺康雍时代	乾隆至清末	
钟楼	无	无	牺牲所之西	乾隆时增置年不详
神库	圜丘东门外	同上	同上	
神厨	圜丘东门外	同上	同上	
祭品库	神厨东	同上	同上	
宰牲亭	祭品库东	同上	同上	
斋宫	圜丘北门外西	同上	同上	
大享殿	圜丘北天门外之北，三檐，东西两庑各二层	同上	改名大享殿，东西两庑各一层	乾隆十五年改东西庑为一层，十六年改大享为祈年
皇乾殿	大享殿后	同上	同上	
步廊	由东砖门通神厨、神库、宰牲亭	同上	同上，七十二间	明代不详间数，康熙图作七十五间，嘉庆图作七十二间，乾隆时改，年不详
崇雩坛	圜丘东天门外	同上	无	乾隆八年撤
神库	大享殿东稍北	同上	同上	
神厨	大享殿东稍北	同上	同上	
宰牲亭	神厨东	同上	同上	

坛殿砖瓦比较表

名　称	旧　制	乾隆改修	备　考
圜丘坛面	青琉璃	艾叶青色石	乾隆十四年改
栏板栏柱	青琉璃	艾叶青色石	乾隆十四年改
内外壝瓦	绿瓦	青色琉璃	乾隆十七年改
皇穹宇周围接墁	青色琉璃	青白石	乾隆十五年改
皇穹宇门楼围垣瓦	绿瓦	青色琉璃	乾隆十五年改
皇穹宇扇面门	抹饰青灰	青色琉璃成砌	乾隆十五年改
祈年门瓦	绿瓦	青色琉璃	乾隆十七年改
祈年殿瓦	上青中黄下绿	上中下一律青色琉璃	乾隆十七年改，嘉庆《会典事例》书明三色瓦为明制
祈年殿两庑	绿瓦	青色琉璃	乾隆十七年改
皇乾殿门楼围垣	绿瓦	青色琉璃	乾隆十四年改
圜丘坛门四座	绿瓦	同上	
祈谷坛门三座	绿瓦	同上	

（选自《中国营造学社汇刊》第5卷第3期）

天坛建筑

北京天坛的建筑是世界著名优秀古建筑之一。它的构造无论在形体及颜色方面，都充分表示出封建帝王至高无上的威势及托天愚民的思想。

天坛的位置在正阳门外东南，永定门内左侧，与先农坛左右夹道对峙。祭天的典礼在我国很早就开始了（至迟是在周朝）。因为皇帝自命为天子，受命于天，所以每年必须定出时间向天汇报及祈求“风调雨顺，谷物丰收”。祭天典礼被列为大祀之首，每年都要隆重举行。至于天坛的位置在南郊，则是因为古代以南为阳，天是阳性，所以必须建立在南郊。[①]

天坛于明朝永乐十八年（一四二〇年）建成。那时北京还没有外城，所以地点算是南郊，后来嘉靖时筑外城，才将天坛包在外城之内。

在明朝初年，天与地原是合并一起祭祀，南北二京的郊坛都是一样，设祭的地方名叫大祀殿，是方形十一间的建筑物。嘉靖九年（一五三〇年），斟酌古时制度，改为天地分祀，建圜丘坛，专用祭天，另在北郊建方泽坛祭地，原来合祀天地的大祀殿，遂废而不用。到嘉靖十九年（一五四〇年）又将原大祀殿改建为大享殿，圆形建筑从此开始。北京天坛的建筑遂分为两组，南面是圜丘坛，北面是大享殿，冬季祭天在圜丘，春天祈谷和秋季报享在大享殿。[②]

清室入关，一切仍明旧制，到了乾隆时候，天下太平，国力富强，一切多喜铺张浪费，于是天坛也不可避免的要改观了。圜丘坛由底径十二丈扩大为二十一丈，其余各层也依比例放大。坛面及栏杆亦不用青琉璃，坛面改用房山艾叶青石，栏杆用汉白玉，以垂永久，皇穹宇则由重檐圆顶改为单檐圆顶。

大享殿改为孟春祈谷之用，名祈年殿，并将上青中黄下绿的三重琉璃瓦改为一色纯青，以象天色。殿在清末落雷焚毁之后，又全部重建。其他建筑物也多是清代改建的，我们今天看见的天坛，规模布置大体上是明朝的，而建筑物则多是清朝的。

天坛造型上圆下方，象征天地，周围六公里余，用临清块砖砌起高大的围墙，外墙之内又有内墙，也是用临清砖砌的。在两道围墙之间满植柏树。天坛西南隅有神乐署储藏乐器，有牺牲所豢养牛、羊、鹿、兔等，备祭祀时用。

在内墙中部有一贯通南北的中轴线，中轴线的北部是祈谷坛、祈年

① 《文献通考·礼类》："兆于南郊，就阳位也。"

② 《文献通考》、《春明梦余录》。

殿，中轴线的南部是圜丘坛。在圜丘坛、祈谷坛的西侧，西天门内有斋宫，是皇帝斋戒住宿的地方。

除这几座建筑物外，天坛满植柏树，至今已成森然巨林，蔚为壮观，是一个非常难得的森林公园。

圜丘坛

圜丘坛是天坛最主要的部分，祭天的场所。每年冬至皇帝率领王公大臣来这里祭天，夏季遇有天旱也在此行大雩礼祈雨。天坛圜丘的东南旧有雩坛，就是祈雨的坛。

圜是圆的意思，丘是高的土台。由于古代对天体形象的认识是圆的，所以祭天的场所要采用圆形高敞的台，又由于祭天是向空中设祭，所以在坛上不建屋宇，而是露祭。[①]

本来明代嘉靖时用青色琉璃坛面及栏杆是象征天的，清乾隆重建则用艾叶青石铺墁，[②]色仍象天，不过略淡些。坛高三层则是取阳数（奇数）。这样已经可以象征天了，但是还有未足，匠人们又将中国许多其他传统的阴阳数术等说法也尽力地用在圜丘坛上。如所有尺寸数目字均极力凑成五、七、九等阳数。如：

圜丘第一成（即层），径九丈（取九数）；

第二成，径十五丈（取三个五）；

第三成，径二十一丈（取三个七）。

这样就是上成一个九，二成是三个五，三成是三个七，阳性的一、三、五、七、九数字，都用上了。而三成的累积尺寸共四十五丈，又是

① 《明史·礼志》引朱子“祭之于坛谓之天。”

② 《明会典》、《春明梦余录》、《清会典》、《清史稿》。

九与五的乘积。在中国古代九五之尊是人君之像，[1]于是尊王的意义也表示出来了。

此外栏板数目也用九的倍数，表示出“九”这个最大的数字，圜丘坛上围绕的栏板数目，有其特殊的安排。如：

第一成栏板，每组九块，四组共三十六块（三十六是九的四倍）。

第二成栏板，每组十八块，四组共七十二块（十八是九的二倍，七十二是九的八倍）。

第三成栏板，每组二十七块，四组共一百零八块（二十七是九的三倍，一百零八是九的十二倍）。

总数字二百一十六块[2]，是九的二十四倍，圜丘坛就是用这样的方法组织起来的。这一切费尽心机地凑成九的倍数，适足以表明封建帝王唯我独尊的君权思想。

不过，坛整个的形体确是开朗壮丽，配着青天绿树有一种纯洁崇高的感觉。三层坛全是用须弥座上安巡杖栏杆，望柱头刻云龙纹，横竖线条互相配合，外观极其华丽，在每一望柱头下又向外伸出一石螭头，本是坛面排水用的，但是它却将圜丘坛点缀得更为生动。螭头的雕刻生动有力，是盛清的佳作。

原来在第一成的正中有石几五，前有鼎炉二。第二成前后各有鼎炉二。第三成前面上下有鼎炉各二。后左右有鼎炉各一。这些鼎炉现在已不知去向。

---

① 《易·乾卦》九五飞龙于天。

② 另据《北京名园趣谈》书中《天坛》文载：“到了清朝，不仅坛（圜丘坛）面嵌用的扇面石板数有一定的规矩，就是四周石栏上雕刻花纹的石板数也有规定的数目，第三层（即最上层）每面栏板十八块，由二个九组成，四面共七十二块，由八个九组成。第二层每面栏板二十七块，由三个九组成，四面共一百零八块，由十二个九组成。第一层每面栏板四十五块，四面共一百八十块，由二十个九组成；上中下三层台面的栏板总数为三百六十块，正合历法中一‘周天’的三百六十度。”（《文史资料选编》编者注，此文在本刊发排前，编者曾携此文往天坛核对，现今圜丘坛栏板总数是二百一十六块）。

在坛外有壝墙两道：内壝墙是圆的，外壝墙是方的，内外壝墙各有石棂星门三道安木门扇。壝墙高不过四尺左右，顶用青色琉璃瓦，看过去非常疏朗雅洁。

在内外壝墙之间，东南隅有燔柴炉一座，[①]用绿琉璃瓦砌成，是祭祀时燔柴升烟，上达天听用的。

此外有铁燎炉八座，是焚帛用的。

另外圜丘坛的西南隅与燔柴相对有望灯台三座，用朱红油饰，是祭祀时悬灯用的。因为祭时天尚未明，所以悬灯望天。望灯台与燎炉等在造型上确是很好的点缀品。

关于祭祀仪式，据清光绪《会典事例》记载，在祭的时候将皇天上帝神牌由皇穹宇移至圜丘第一成坛上。坛上正中张设天青色丝织品缎料圆形幄帐，内设雕刻金龙的宝座及炉鼎等器物，天帝神牌安放在宝座正中，配位（皇帝的祖先）神牌，在坛上东西供奉，也有幄帐是方形的。在每一幄帐前都摆列着祭品，在祭祀以前陈设整齐。祭祀时间是在天尚未明时（约在日出前二小时），由管理祭祀的官员，从斋宫导引皇帝来祭。拜位设在第二成坛上。祭祀开始后进行献酒、奠玉帛的礼节时，则升至第一成坛上幄帐前举行。全部仪式计分九个过程：（一）迎神；（二）奠玉帛（将一块苍色玉璧用匣盛装，供到神案上）；（三）进俎（供肉）；（四）初献；（五）亚献；（六）终献（三献即三次进酒）；（七）撤馔（祭毕）；（八）送神；（九）望燎（焚帛焚祝

① 燔柴炉，古代人为了对天表示尊敬，在祭天的时候，要使天帝能够降到人间接受祭者的虔诚意图，有焚柴升烟的仪式（又称为烟祀。《尚书》《虞书》注一：“燔柴祭天告至”。《周礼》注一：“玉帝焚燎而升烟，所以报阳也）”。焚柴升烟，也可以看成为上达天帝的请简。祭祀的程序，首先是迎神燔柴，所以在圜丘坛东南隅有燔柴炉一座，用绿琉璃瓦砌成。祭祀典礼将要开始时，赞礼人唱迎神，掌燎官（管烧柴帛的人）即指挥燎人举火燔柴。柴用山西、河北两省进贡的马口柴（康熙《几暇格物编》载：马口柴明时宫中用，俱取给山西蔚州广昌、直隶昌平诸州县，长四尺许，整齐白净，两端刻两口，以绳缚之，故谓之马口柴，……今惟天坛焚烧用之），并奏迎神乐，青烟从炉顶上升到天空。

文），每次仪式均奏乐，并由乐工歌舞。

祝文是在祭祀时向神宣读的文字，有专职读祝文的官员代皇帝朗读，目的是使天神听，祭毕将祝文焚烧，使烟上升到天空，目的是使天神看。祝文内容，历朝皇帝的祝词都是一样的，只是前面的年月和祭祀的皇帝称号不同。

祝文大意：某年、月、日、嗣皇帝某恭敬的向上帝陈报，现在节气已经冬至了，六气开始，我遵照典礼，率领百官用苍璧、丝帛、犊牛、俎肉、粟、枣、稻米、菜蔬等物品，在这里用烟燎的礼，毕恭毕敬的祭祀上帝，并请我的祖先来奉陪，请上帝接受诚意。（照文言翻译）

祭祀结束时，将表示祭祀意图的文字焚烧，再度使天帝知道，好请天降福。

皇穹宇

在圜丘坛正北不远的地方有皇穹宇，是明嘉靖时建造的，原名泰神殿，后改名皇穹宇，是尊藏皇天上帝及皇帝祖先神牌的地方，殿内正中石台上供皇天上帝牌位，左右石台供配享的牌位（皇帝的祖先）。从祀的日月星辰的神牌，则供奉在东西配殿中。在祭祀圜丘坛的前一日先到此殿上香一次，举行祭祀的当日，由此殿将神牌用轿抬至圜丘坛上，按位次供奉在幄帐中，祭祀完了，仍藏在此殿。

这座殿宇的布置虽然是明代规模，但已在清乾隆十四年（一七四九年）重新修建。它与原式最大不同的地方是将正殿的重檐改为单檐，由地平至宝顶上皮高一九·八米，合五十九·四市尺。因为它是储藏神牌的地方，所以不需要高大，但需要坚固幽闭严肃的外观，皇穹宇是做到了这一点的。它的外围墙也是正圆形以象天，因为是正圆，就造成了“回音壁”的效果。墙是用临清砖对缝砌的，上用青琉璃瓦顶，看过去美丽动人；正南琉璃花门三座，也朴素大方。

皇穹宇正殿是圆形，立在高石台上，顶作单檐，青色琉璃瓦，金宝顶。它有檐柱八及金柱八，全部用镏金斗拱。殿最精彩的地方是圆形藻井，这是国内别处少见的，在金柱上用了七踩（即出三跳），挑金镏金斗拱，后尾挑起上部的圆形额枋。在圆形额枋的上面又是一圈五踩（即出二跳）。斗拱承托上部的圆额枋。在这道圆额枋上做天花，天花正中是一小圆井。这样用斗拱做成三层藻井，看过去绮丽可喜。

金柱做的很精，每柱身上全是沥粉贴金的转枝莲花纹，圆熟饱满的金花，富丽之至。这殿宇一切全是盛清时代建筑艺术的精品，它处绝难见到。

在圜丘坛外壝墙东门外有神库、神厨、六角井亭等，再东有祭器库、乐器库、棕荐库、宰牲亭、井亭等，全是祭祀用的，建筑也很雄伟，用红墙悬山顶绿琉璃瓦等做法。

斋　宫

封建皇帝为了对天表示虔诚，在致祭的前一日，由居住的皇宫出来到郊区天坛斋宫住宿，不饮酒，不玩乐，清心静养，等待着典礼举行。

斋宫地点在祈谷坛的西天门内南侧，殿宇东向。它的地形方正，有两道护城河围着，防范非常严密。第一道护城河之内是四周回廊一百六十三间，廊子向外是防守人员用的，在廊墙内东北角有钟楼一座，很高大，内有大钟一口，是明代永乐时铸的，在院中部又有第二道护城河及围墙围着。过两道护城河才能到正殿，可见专制皇帝是如何恐惧敌人了。其实到斋宫已经有两道天坛的内外围墙，再加上斋宫本身的两道围墙，一共是四道围墙了。

斋宫正殿五大间是斋戒的地方，用无梁殿做法，是地道的明代建筑，不过庑殿屋顶绿琉璃瓦等是清代重修的。殿前左有石亭一座，斋戒时陈设缄口的铜人一个，意义是面对铜人可以不发一言安心斋戒。右边设时辰牌石亭一，目的是随时静心养性。后殿五间，左右配殿各三间，是寝宫，有薰炕地道，是取暖设备。

祈年殿

皇穹宇北面过了成贞门即是祈谷坛、祈年殿部分。成贞门北面有一宽大高直的神路直达祈谷坛、祈年殿的砖门，路是用城砖及条石砌的，较地面高出十余尺。神路的中部向东凸出一长方形的台，叫具服台，三面有雕石栏杆，是行礼时皇帝更换礼服的地方，每年在祈年殿举行祈谷礼时，先在此台上支搭圆形的幄帐，称为幄次，通称“小金殿”，也就是活动房屋。皇帝由斋宫到祈年殿行礼，先到这“小金殿”中更换礼服。三百年前的明朝皇帝到这里，要脱掉了舄（即鞋），再到祈年殿上行礼（见《春明梦余录》）。这是表示洁净，不将微尘带到神坛上。脱舄以后，所经过的神路，便是铺满棕毯的走道了。圜丘坛的南方，原来也有具服台的设置。约在四十年前拆除了。

神路的北端即是祈年殿的砖门，三间圆券门无殿顶，带砖斗拱，确是明代旧物。这座门是祈年殿院墙的正门。其余三面也都有同样的砖门。

正门之内紧接着又是一道门即祈年门。它是五间九架歇山顶的木建筑，立在带汉白玉栏杆的高石台上。门的斗拱雀替额枋等是明代做法，可以说这是天坛内仅存的明代建筑，它的屋顶部分是清代改修的。

祈年门内，是广大的庭院，青砖铺地。院东西有配殿各九间（配殿后原有明代后配殿，清代拆除），院的正中耸立着举世著名的祈谷坛，其上为祈年殿，它的平面全用圆形，表示“天圆地方”的圆天，它那三檐纯青的琉璃瓦顶，也表示天的颜色。此外，又配青绿斗拱，红柱门窗，宽大纯白的三层汉白玉栏杆基座，广阔的灰色砖地，加上蓝天绿树，颜色冷静而肃穆。这是清代建筑艺术在明代基础上又提高一步的表现。

祈年殿的一切制作全用了清代建筑里规定的最高等级。殿是立在三层巨大的石台上，这台即是所谓的祈谷坛。坛圆形，台的每层都用须弥座，座上装石栏杆及螭头，雕刻很精致。全坛共有御路八道，即前三后三，左右各一。正中向南的御道，有生动的雕刻，题材是最上层刻龙，中层刻凤，下层刻云。栏杆的望柱头及螭头也是上龙，中凤，下云的雕刻。龙凤云的雕刻是封建社会里最高级的题材，较次的建筑是不敢用的。美丽精致的坛上，上层前安鼎炉四，中层下层均安鼎炉二，阶下安鼎炉二，使坛的气氛更加壮丽生动。

祈谷坛正中建起三重檐青色琉璃的祈年殿。祈年殿的构造，是在圆坛的正中砌三道圆形台阶；阶上立十二根圆形木檐柱支承下檐；在檐柱内又用十二根金柱支承中檐；在金柱内又用四根龙井柱支承上檐；在下檐柱头的额枋平板枋上安装了五踩（即出二跳）翘昂鎏金斗拱，鎏金后尾搭在金柱的额枋（或称花台枋）上。在金柱的平板枋上安装了七踩（即出三跳）单翘重昂的斗拱支承中檐。更上一层则是用了九踩（即出四跳），双翘双昂的斗拱支承上上檐。这样愈上愈高，斗拱出跳愈多，是重檐常用的做法。它给人的感觉是愈上愈高贵。

祈年殿建筑比较难做的地方是上檐的圆顶，因为跨度大至九架，所以不能用皇穹宇那样的圆顶做法。它是利用四根大龙井柱的支持，在顶上做成四方形的梁架，使用抹角梁再架成八方亭式的梁架，在这梁架上安圆形弯的檩枋垫板，铺椽板官瓦。这样建成敬天祈年用的大殿。它的高度由坛下地平面至宝顶上皮是三十八米，合一百一十四尺。

祈年殿与其他中国建筑一样，善于利用结构部分做装饰，一切门窗斗拱梁枋柱等无一不是很好的装饰品。尤其是正中的天花藻井，利用柱枋斗拱等做成圆形的图案，在天花正中又做了一个圆井，井内满刻龙凤云纹样。

颜色方面，天花藻井全部贴金，其他额枋等用青绿和玺大点金彩画，色调确是富丽堂皇。它与一般宫殿建筑不同的地方表现在殿内四大龙井柱上。这四根柱由殿内地面直上至顶，天花特别高大有力，柱的满身做了转枝莲花纹，红地金花，豪放华丽，与皇穹宇金柱花纹的细腻又自不同。

祈年殿内正中有石须弥座带木栏杆的宝座，上有木屏风，是行祈谷大礼时安置“上帝”神牌的地方。宝座左右有石座，东西各二，是配祀列祖神位的地方。这里祭祀的时候上帝祖先等神牌是由皇乾殿请出，祭祀完毕再将神牌请回。

坛的东南角有幡坛瘗坎各一及铁燎炉八座。

祈谷坛、祈年殿的后部有一小院，院内有一正殿即是皇乾殿，是藏上帝及皇帝祖先神牌的地方。皇乾殿是五间七架的庑殿顶青琉璃瓦的大殿，也是清代重建的。它立在高大的石台上，台周围有雕石栏杆，正面有露台很宽大。殿周围有围墙，正面有三座琉璃花门。院宇气氛严肃神秘，与前部坛殿的开朗明快截然不同。

祈年殿围墙正东砖门的东面有廊房七十二间，“联檐通脊”接连着神库、神厨、井亭、宰牲亭等。廊的功用是为了雨天怕祭品淋湿而加以遮盖。

祭祀的礼节繁复隆重，略志于下。

祈谷典礼是祈祷农业丰收，所以殿宇名叫祈年。在祈谷坛上建筑殿宇，原是仿古代明堂制度屋下设祭，祭祀时可以不必如祭圜丘时另支设神幄。祭时，同样是燔柴迎神、奠玉帛、进俎、初献、亚献、终献、撤馔、送神、望燎等过程。皇帝行礼在殿中，王公陪祀拜位在祈谷坛第一成坛上，文武百官的拜位在坛的三台下，嵌有品级石，分序排列，丹陛上（第一成）摆列着中和韶乐和乐舞生、赞引（赞礼人）、导引等官。祭祀结束时举行望燎礼，仍将祝文焚化，与祭圜丘时一样。

祈谷祝文，清朝只有几次是针对当时灾荒年景临时撰写的，其余均是旧稿相传，内容大致是：某年、月、日、嗣天子某谨告皇天上帝，我承上帝之命统有万方，人民的希望就是生活安定。现在已到了春天，春耕将要开始了。我诚恳地准备迎接上帝降给的幸福。谨率领百官用玉帛、犊牛、粟、枣、米谷、俎肉、蔬菜等物恭祭。请祈风调雨顺，谷物丰收，三农（平地农、山农、水农）仰赖。并请我的祖先来奉陪。请神接受敬意。（照文言翻译）

祈谷的祝文，从表面看好像是为了老百姓，但历史上封建帝王都是为了巩固自己的统治。今天，我们可以通过祝文了解那时天坛建筑物的使用。

（选自《故宫札记》）

正阳门

现在的北京城，曾是辽、金、元、明、清五个朝代的都会。经过很长时间的变迁，到北京解放之前，北京城仍是明、清两朝故都的旧状。公元一三六八年，明太祖朱元璋命大将军徐达攻下元代大都，在很短的时间内，重新规划了城垣：缩短北面城墙近五里，其他三面城墙则加以修葺；把当日大都名称改称北平府，当作当时政府的一个地方行政区域，并封其第四子朱棣在北平府为燕王。一四〇三年朱棣继位为明代第三个皇帝，年号永乐，把北平府改为北京，又大力经营北京城墙和宫殿的建设，自一四〇六年开始到一四二〇年基本完成。北京城共有九个门。南面城墙正中的门叫丽正门，一四三六年（明正统元年）改名为正阳门，俗称前门；正南左边的门叫文明门，后改为崇文门；右边的门叫顺承门，后改名宣武门。东面城墙有两个门：南边的叫齐化门，后改名朝阳门；北边的叫东直门。西面城墙也是两个门：南边的叫平则门，后改阜成门；北边的叫和义门，后改为西直门。北面城墙两个门：东边叫安定门，西边叫德胜门。

明正统时，由于永乐时代修建的北京城垣，许多都是在元代城墙旧有基础上加砖修葺，月楼、楼铺也不完备，朝廷遂命太监阮安、都督同知沈清、工部尚书吴中率领军匠夫役数万人，重新修建北京九门城垣、城楼，到一四三九年完成。到了十六世纪五十年代，明嘉靖时期，拟在北京城外修一道罗城，由于人力物力不足，仅修了南面城墙。正对正阳门外的城门就叫永定门，其东为左安门，西为右安门。这样就把原来古代所谓行祭祀之礼的天坛、先农坛围在城区中了，这是突破周礼制度的都城规范的一次较大的变化。

正阳门建成后，到明万历三十八年（一六一〇年）被火烧掉。当时拟进行修复，因为明代在万历时期，政治腐败，贪污情况十分严重，太监权势很大，这个大工程就由太监主持。当时提出预算需用白银十三万两。管理工程的衙门工部营缮司郎中陈嘉言，在当时王朝里是比较开明的人，他认为这个预算开支太大，结果只用了三万两白银就报销完工，而陈嘉言则被太监排斥出位了。

一六四四年，清朝代替了明王朝，乾隆四十五年（一七八〇年）正阳门箭楼又被火烧。在《乾隆实录》里记录着这样的事：箭楼重建时，乾隆皇帝曾令新换砖石，可是当时管理工程的大臣们并没有按此令施工，仍利用旧券洞进行修筑。修成后由于砖石斤量沉重，原来旧洞出现内裂现象，负责督工的大臣英廉、和珅等只好自己请求赔修，这是清代的规制。乾隆当时准将修建费用一半由英廉等负担，一半由政府国库开支。英廉等所负担的费用自然还是从老百姓身上榨取而来。

清道光二十九年（一八四九年），箭楼又一次被烧。据清《光绪会典》事例中记载，修复情况是这样的：箭楼原状是七间边檐进深，营造尺三丈四尺四寸，后楼抱厦廊五间，上檐后抱厦廊五间，估计修复需白银六万八千八百四十三两。一八四九年，清朝已衰落了，这是鸦片战争后的第九年，人力物力都感到十分困难。箭楼三丈四尺多长的大柁，已经无法筹办了。后来把西郊畅春园中九经三事殿中三丈六尺长的大梁拆下使用，才把箭楼修复，这是被烧后第三年的事。

一九〇〇年中国人民反帝爱国的义和团运动爆发，帝国主义者组织起来的八国联军借口侵入北京，劫掠焚烧，无所不为。最后清王朝投降外国，接受了《辛丑条约》，出卖了中国主权。在这场灾难中，帝国主义者把北京正阳门楼也放火烧掉了。这个事件给中国人民留下了不能忘记的仇恨。

正阳门的又一次重修，是在清光绪二十八年（一九〇二年）。清政府派直隶总督袁世凯和陈璧计划修复。当时工部的旧工程档案也被帝国主义者们烧掉了，旧图纸已经找不到了。只得按与正阳门平行的崇文门、宣武门的形式，根据地盘广狭，将高度、宽度酌量加大一些，修建了正阳门楼。据袁世凯等的报告说，正阳门正楼自地平至正兽上皮止，为清代营造尺九丈九尺。这个尺寸较崇文门高一丈六尺二寸，较宣武城楼高一丈六尺八寸。正阳门箭楼自地平至正兽上皮止为七丈六尺三寸，较正阳门正楼低二丈二尺七寸，后仰前俯中高。后来又从新计算，正阳门楼改为九丈九尺四寸，箭楼也增高了四寸。当日就按这个尺寸修复的。由一九〇六年开始修建，至一九〇六年底竣工。

现在的正阳门正楼和箭楼就是这次重建起来的。不过原来正楼与箭楼之间有瓮城联系着。辛亥革命后为了交通方便将瓮城拆除。因此现存正楼和箭楼前后独立着。箭楼城台上西式短垣水泥栏杆，是辛亥革命后北洋政府内务部总长朱启钤在一九一五年改建的。

清王朝时正阳门照例常备防御武器，有大炮、小炮、弓箭、鸟枪、长枪等。此外则是号杆、龙旗、云牌（传令品）等物。

现在旧北京城门、城楼中，明初的德胜门箭楼、西南角楼和清末重建的正阳门正楼及箭楼，都已列为建筑文物保护单位了。

（选自《文史资料选编》第九辑）

明代皇陵之一——显陵

明代皇帝陵墓，总的说来有四区。

在安徽省有两处，一处是明太祖朱元璋追封其祖先的墓，由于年深日久，早为水所淹没，已无建筑遗存；再有一处是朱元璋葬其父母处，名皇陵，在安徽凤阳，现在皇陵封土墓犹存，陵前石象生多对大都完整，巍然立于墓前。

在江苏南京有孝陵，是埋葬朱元璋之墓地，建筑遗址历历可数，石象生完好无缺，松柏交荫，紧毗中山陵。拜谒中山陵者，往往都步履其间，已成为南京风景区。

在北京，明代从永乐（朱棣）皇帝迁都北京后，在北京昌平县天寿山经营陵寝，朱棣为始祖，到明代末年共埋葬了十三个皇帝，所以习称为十三陵。北京另有一处明陵，在北京西郊金山地区，埋葬的是景泰皇帝，名叫朱祁钰。在十五世纪三十年代，明代正统皇帝朱祁镇被北方少数民族俘去，朱祁钰代替他哥哥朱祁镇做了八年的皇帝，年号景泰，由于正统皇帝朱祁镇获释归来，发动政变，推翻景泰，复辟帝位，废景泰皇帝为郕王，不以皇帝视之。朱祁钰死后，遂葬在金山。陵墓范围极小，主要建筑均已无存，只留景泰墓残破石碑亭一座，孤立金山之坡。

在明代还有一处显陵，在今湖北钟祥县，陵主人名朱佑杬，生前是兴献王爵，死后追尊为兴献皇帝，庙号称恭睿献皇帝。追尊称帝之由，可从明初世系谈起。原来明太祖朱元璋死时，其长子已先死，遂传其帝位于长孙，即建文皇帝，此封建制度立嫡之法也。朱元璋多子，传位于长孙，诸子不服。其四子朱棣举兵反侄皇帝建文，攻下京师南京，建文死无下落，朱棣登上宝座，即永乐皇帝，封嫡之制遂变。朱棣传到他七世孙明武宗，名叫朱厚照，年号正德，作了十六年皇帝。死后无嗣，遂以宗亲近支兴献王朱佑杬之子朱厚熜继位，即明世宗，年号嘉靖。厚熜继承厚照的宝座，是兄位弟承，又非封建传嫡之制。帝系之传，继朱棣永乐之后又一变，直传到明末崇祯皇帝，明亡而止。

朱厚熜继朱厚照为帝后，即改其父封王旧地安陆州钟祥县为承天府，又称兴都，俨然升为帝都，追封他早已死去的父亲兴献王为恭睿献皇帝。其母蒋妃尚在，尊为章圣皇太后，并拟在北京昌平天寿山区大峪山为其父修建陵墓，由湖北钟祥将兴献王墓迁葬于昌平。为尊其父，朱厚熜还打算将兴献王神牌以追封恭献睿皇帝身份，供奉在北京太庙中。当日朝中部分大臣，以与礼制不合，谏止此事，引起了一起政治斗争。朱厚熜为此杖死、戍边不少大官员。迁葬事，由于大峪山地形条件和朝中政治原因，事未果行。到嘉靖十七年，朱厚熜之母死，与其父合葬钟祥。原来的兴献王墓园这时早已扩建成一代帝王陵寝规制了，名为显陵，至今犹存。墓地周围二里多，从陵园大门至陵墓宝城，有长达一千三百多公尺的神道；有新红门、旧红门和碑亭等。从新红门起有五道单孔石桥。每道并排三座桥。棱恩门前，有砖砌的九曲河，拐九道湾，流入莫愁湖。神道两旁耸立着石华表，高十二米。还有石象生，现在可以看到的有石狮一对、石獬豸一对、石麒麟一对，石骆驼一对、石卧马、立马各一对，文武官员两对。在六柱三间石牌坊之前，紧接着为棱恩门三间，东西朝房，棱恩殿五殿。殿后为明楼。恭睿献皇帝之陵丰碑矗立高耸，远可望之。帝王陵附设的果园、菜园、守陵卫所具备。现在虽已呈荆棘铜驼、断壁残垣之景，而作为一代帝王山陵，格局规模还保持完整。显陵的修建，耗费人力物力十分庞大。钟祥县百姓间流传着一首民谣说：

皇陵显陵真豪华，琉璃耀眼雀难蹚。
埋了圣主仅二个，死了百姓无数家。
一块砖瓦一滴血，子子孙孙莫忘它。

征诸历史，帝王贵族都以厚葬为尚。钟祥人民还流传着说：显陵修建时，殉葬财宝无数，惧知情者盗墓，惨埋多人在坑中。

修建显陵所需的人力物力，也像历代修建皇宫陵墓一样，集中全国力量施工，如采木，是到湖广地区采伐纹理细密不生虫而耐潮的楠木，烧造砖瓦也遍及各地。现在陵园城墙所筑的砖，还能看到九江、安庆、荆州府县烧砖戳记。

朱厚熜之父兴献王朱佑杬，生前信仰道教，自号大明兴国纯一道人，著有《含春堂稿》，其中讲太极阴阳五行之说。其母蒋妃著有《女训》一书。《含春堂稿》系用泾县榜纸，朱丝栏墨书，装订古雅，藏之北京故宫内阁大库。盖朱厚熜为嘉靖皇帝时，移藏于宫内者。朱厚熜受其父信道教之影响，登上皇帝宝座后，曾一度不理朝政，学道炼丹药为其常课。在钟祥县建有道教元佑宫，在北京皇宫中建有无梁殿炼丹场所，其地在故宫养心殿之西。现已无存。在其附近库房，藏有数以千计的道教符咒、刻石图章，到清末犹存。在紫禁城外建有大高玄殿道教建筑，砌墙砖记为嘉靖十八年。这组古建筑群中的数百年古松柏，现都已干枯枝折矣。

（选自《故宫札记》）

清礼王府考

历史沿革

旧华北文法学院校址系清代礼王府。礼王为清太祖第二子，清代帝业礼王之功独多，意其邸第当较恭王府为丰。我于抗战胜利后任教华院，课堂之暇，曾行校内一周，见其宫门琉璃为明代样式，而殿宇则粗新，雅非旧式，又将菱花隔扇假做承尘，尤觉不伦；审此府建筑多为清季重建，后多事更张，承尘易以菱窗，自眩其美，实形其陋耳。校之西院有假山亭榭，尚属旧构，中有断碑一幢，字颇漫漶，摩挲读之，知为乾隆二十九年兰亭主人绿漪园所撰《老槐行》。此碑实为礼府掌故重要资料也。

原礼王府初为明崇祯帝外戚周奎宅，明亡以归清礼王代善者也。碑文署兰亭主人，未著姓氏，其下钤礼亲王宝，自为继承王爵之主人。检清代皇族玉牒，乾隆二十九年（一七六四年）袭封礼王者为第七次袭爵者承恩，由下世袭表可知兰亭主人当为承恩无疑。

其《老槐行》序曰：

兰亭书屋后有老槐，苍苍高荫，百尺遥接，清流激湍，扶疏古干，盖数百年物也。传为明代皇亲周奎所植，邸第固周奎旧宅，府在其园中，而奎宅乃今之园也。“会心自远”即其卧室，故迹犹存。人世变迁，老槐所阅者多矣，因作长歌以纪之。歌曰：汾阳邸第昔为寺，咸阳宅舍皆荒棘；今古迁移多变更，废兴相因皆有礼。忆昔壮烈甲申前，周家宅舍何巍巍；公侯将相出一堂，势重威尊谁敢比。一朝废弃市朝隔，吾家邸第因之起；昔为园圃今高堂，昔时大厦今流水。老槐所阅几多年，苍茫古干依然是；老枝如画自垂荫，岁岁年年寒复暑。弯者为弓直如箭，曲折相□流□□；叶绿春来仍故宗，花黄秋落凭霖雨。倚堂望之森森遥，傍水观之丛丛古；古态还如百年前，拂山映日纷翠羽。岱岳唐槐世有无，此树合是星积聚；忆予少小游其下，时因老监说此语。三十余年犹记怀，为之作歌赞其美。树之植者果何人，凌云日日常如此。书作园中故事云，美彼故物多奇伟。时乾隆二十九年冬日兰亭主人稿。

印四方：一、惠周氏作，二、礼亲王宝，三、希古振英，四、□□□□（漫漶不可识）。读《老槐行》后，知礼府之历史，知昔日亭台之美，历三百年来，其遗迹犹足供人凭吊。

礼王传略

明崇祯帝外戚周奎旧宅归清礼亲王代善，应在顺治二年（一六四五年）。[①]按代善为清太祖努尔哈赤第二子，初封贝勒。明万历三十五年（一六〇七年）与其兄褚英、叔舒尔哈赤征乌拉；万历四十一年（一六一三年）努尔哈赤亲征乌拉，代善随征，克其城而还。万历四十四年（一六一六年）努尔哈赤建元“天命”，封代善、舒尔哈齐、阿敏、莽古尔泰与皇太极（清太宗）并为和硕贝勒，众称代善为大贝勒。万历四十七年（天命三年）努尔哈赤兴师伐明，略明地，代善从军。崇祯六年（天命十一年）努尔哈赤死，代善与阿敏、莽古尔泰拥皇太极即位，改国号曰清，封代善为和硕兄礼亲王，十二月从征朝鲜，降其国王李琮。崇祯十七年（一六四四年），清世祖福临即位，改元顺治，代善议以郑亲王济尔哈朗、睿亲王多尔衮同辅政。顺治五年（一六四八年）代善卒，年六十，赐葬银万两，立碑记功；康熙十六年（一六七七年）追谥曰烈，复立碑表。乾隆十九年（一七五四年）入祀盛京贤良祠。乾隆四十年（一七七五年）诏与郑亲王济尔哈朗、睿亲王多尔衮、肃亲王豪格、克勤郡王岳托配享太庙。

以上诸事均见《钦定宗室王公功绩表传》。该传还记载：清初开国，代善功最大，努尔哈赤死，代善以大贝勒地位让位其八弟皇太极，此盛德尤为清代子孙所追念。此事，明末人夏允彝亦曾记载说（见全榭山《鲒琦亭集》）：“东国乃能恪遵成命，推让其弟，又能为之悍御边围，举止与圣贤无异，其国焉得不兴？”又《啸亭杂录》（代善之八世孙昭梿所撰）曾引此文并附论曰：“先烈王让国事，时传闻异词，尚不

---

① 《钦定宗室王公功绩表传・代善传》载：“顺治元年命上殿勿拜，二年召来京师，五年十月卒，故周奎府以赐代善，应在顺治二年。”

知先王拥戴文庙出于至诚，高庙初无成命也。”

代善故事见于《啸亭杂录》者，尚有《礼烈亲王纛》一条，文曰：

先烈亲王与郑庄亲王征辉发，夜间大纛顿生光焰，郑王欲凯旋。先烈王曰：“焉知不为破敌之吉兆也？”因整师进，卒灭其国。故今余邸中纛顶，皆悬生铁明镜于其上，有异于他旗之纛（按定制，纛顶皆用铜火焰，盖以志瑞也）。

又该书卷九记代善骹箭，文曰：

先烈王所遗箭一，镞与苛皆以木为之。镞长今尺六寸，径三寸，围九寸，周围有觚棱者六，管处穿孔，数亦如之。苛长三尺六寸，括之受弦处，宽可容指，非挽百石弓者不能发。按《唐六典》：“鸣箭曰骹”；《汉书》亦云：“鸣镝，骹箭也。”字书或作髇。吴莱诗“远矣鸣髇箭”，皆此物也。世代敬藏于庙。余命王处士嘉喜绘为图，延诸名士题之，以其中吴舍人嵩梁、孙太守尔准诗为最，因录之。吴兰雪诗云：“烈王腰间大羽箭，射马射人经百战。耳后劲风啼饿鸱，箭力所到无重围。皂雕翻云虎人立，一洞穿胸鬼神泣。阵前奋胄摧贼锋，雪夜斫垒收奇功。边墙踏破中原定，帝铭彤弓拜家庆。箭传三尺六寸长，百石能开猿臂强。白翎金干不可得，此物摩挲存手泽。王有名马能报恩（事见《汪尧峰文集》），作歌我昔贻王孙。千金骏骨市谁买，三脊狼牙犹幸存；愿王宝此功载旌，楛矢贡已来周延。”孙平叔诗云：“白羽森森开素练，云是烈王腰下箭。心知是画犹胆寒，何况战场亲眼见。沙场饿鸱叫鸣镝，箭锋所向无坚敌。敌人未识六钧弓，魂陊睛霄飞霹雳。我朝弧矢威八荒，贤王赤手扶天阊。萨尔浒战如昆阳，二十万众走且僵。电闪横驰克勒马，蹴踏明骑如排墙。入关三发歌壮士，定鼎一矢摧天狼。廓清海宇仗神物，肯射草间兔与獐。勋成麟阁铭殊绩，垂竹东房存手泽。狼牙鸭嘴不可得，独此流传有深识。我闻唐代传榆髀，主皮礼射尊周胶。即今金革永不试，楛矢枉自随包茅。文孙七叶慎世守，寓意已比彤弓诏。”

代善为清代开国健者，佚闻遗物甚多，若纛旗骹箭皆属后世子孙保藏之物，闻之故都耆老及礼府旧监，多有见之者。民国以来，其邸第子孙已不能保，将礼府鬻诸他人，其祖先遗物当亦不复存矣。

礼王承袭次序

初次袭代善和硕礼亲王爵者，为代善第七子满达海。清人入侵明地时，满达海无役不从，初封公爵，后晋升固山贝子。顺治元年随多尔衮进关，奠定了清帝业。顺治六年（一六四九年）袭封和硕亲王爵，八年加封号曰巽，[1]九年满达海卒，年三十一岁，谥曰简。顺治十六年乃有追罪之争，其罪为：满达海与多尔衮素无嫌，多尔衮获罪而分取其财；又掌吏部时，尚书谭泰骄纵，不能纠举，以及其他各事，因削爵、谥。满达海父子在清代立国之初实为最有功之人，有佐命之勋，封爵为世袭罔替，此种待遇在清初有八家，号称八家铁帽子王，礼王居其首[2]。满达海卒后降为贝勒，其子孙则依宗室降袭之制，不复有亲王之号。

其后，代善第八子祜塞之子杰书始又袭亲王爵；祜塞原封康郡王，

① 清代世袭者不都从始封之号。盖在开国时皆著大功，与后来仰承祖荫或近支王公以恩承者有别。故满达海袭其父王爵改号巽。又如郑亲王济尔哈朗长子袭爵，不号郑而号简。

② 清宗室有殊勋拜王者皆世袭罔替。八家为礼亲王、郑亲王、豫亲王、肃亲王、庄亲王、睿亲王、顺承郡王、克勤郡王，俗呼为八家铁帽子王。

其子杰书袭其祖王爵，改称康，不称礼。康熙十三年（一六七四年）吴三桂、耿精忠、尚可喜三藩反清，杰书为奉命大将军南讨耿精忠，出师数载，卒降耿藩。以上满达海、杰书事具见《钦定宗室王公功绩表传》。又《清史稿·列传》亦载杰书善用兵善知人事。《啸亭杂录》卷九记良王（杰书谥号）大溪滩之捷甚详，其文曰：

良王进师衢州时，贼相马九玉据大溪滩（又名太极滩）以遏我师。王率诸将身先用命，贼伏起草莽，短兵相接，转战竟日。王坐古庙侧，指挥三军，纛旗为火枪击穿者数十，二护卫负寺双扉以庇之。王饥进食，典膳者方割肉，为枪所毙，而王谈笑宴如也。我兵踊跃击贼，贼大败去。九玉自是敛兵不复出战，偃旗鼓，一日夜行数百里，抵江山县。王曰："若不乘锐攻之，使贼有备，旷日持久，非计也。"乃乘月下攻之，其县立下。常山闻警降，直抵仙霞岭。岭下有湲溪，贼目金应虎拢其船于对岸，我兵不能渡。王踌躇假寐，梦先烈王抚王背曰："此岂宴安时耶？绕滩西上数里，其浅处可涉也。"如是者再。王忪然醒，遂遣将至上流，果觅浅处，遂断流而渡。贼人以为兵从天下，故不战而溃。

所记或有溢美之词，不尽可信，然杰书用兵成功而返，则事实也。又同卷记杰书善知人之事，文曰：

先良王率师讨耿逆，凡智勇非常之士，无不为王所识，有拔自行伍间者，姚制府启圣、吴留村兴祚，皆以县令起家，王优待之，不数年荐至封疆大吏，赖征南塔。黄总兵大赖、蓝将军理、杨昭武提督皆由王所赏识，卒至专阃。黄有黑甲，重三百余斤。王凯旋时，黄持以为馈。余少时犹见之。铁光照耀，虽勇趫之夫，着之不行数武，亦可想见将军之勇力矣。

又同卷《戴学士》一则，记杰书南征时获有利之武器，文曰：

戴学士梓，字文开，浙江仁和人。少有机悟，自制火器，能击百步外。先良王南征时，公以布衣从军，献连珠火炮法。下江山县有功，王承制授以道员，扎付，仁皇帝召见，喜其能文，命直南书房，赏学士衔。公善天文算法，与南怀仁诘论，怀仁为之屈……

杰书在三藩时期著功极大，故康熙帝对之优礼至渥。康熙三十六年（一六九七年），杰书病，康熙亲书“为善最乐”匾额赐之。此匾仍悬原华北文法学院礼堂。礼堂为礼王府前大殿，俗称银安殿。闰三月杰书卒，年五十三，谥曰良，子椿泰袭。

康熙四十八年（一七〇九年）椿泰卒，谥曰悼。《啸亭杂录》卷八记椿泰故事曰：

先悼王讳椿泰，先良亲王嫡子，幼袭王爵。阔怀大度，抚僚属以宽恕，喜人读书应试，人皆深感其惠。善舞六合枪，手法奇捷，十数人挥刃敌之，莫之能御。又善画朱砂判，尝于端午日刺指血点睛，故每多灵异。余少时尚见一轴，其判俯首视旁侧，如有所睹，每使人惊畏云。

第五次袭爵者为椿泰第一子崇安，雍正十一年（一七三三年）卒，谥曰修。《啸亭杂录》卷八记崇安故事，卷八有《赵护卫》一条；卷九有《先修王善书》一条。其记曰：

先祖修亲王，自幼秉母妃教习二王书法，临池精妙。薨时，先恭王尚幼，多至遗佚。余尝睹王所书《多心经》用圣教笔法，体势遒劲。又其所书《友竹说》、《会心斋言志记》。皆用率更体制，盖效王若霖笔意，遵时尚也。又善绘事，洪大令庆祥家藏王所绘白衣观音像，趺坐正襟，庄严淡素，即王当时赠其祖农部公德元者，惜所传无多焉。

崇安卒后，未传其子，王爵改由杰书第四子巴尔图袭，与崇安为叔父行，乾隆十八年（一七五三年）卒，年八十，谥曰简。复以崇安之子永恩袭，乾隆四十三年（一七七八年）又恢复代善始封之号，曰礼亲王（从第七次直至第十一次袭爵俱号礼亲王旧封），嘉庆十年（一八〇五年）卒，谥曰恭。《啸亭杂录》卷二记其故事曰：

先恭王袭爵垂五十年，其勤俭如一日，不好侈华，所食淡泊……时和相当朝，每苛责诸士子，先王每不以为然，尝诫梿曰："朝廷减一官职，则里巷多一苦人，汝等应志之。"

先恭王性刚直，某相国当权时，与余邸为姻戚，先王恶其人，与之绝交……素喜刘文正、裘文达、曹文恪诸公。每训梿必以诸城为式。又善料事。甲午秋王伦叛于寿张，率党北上，围临清，势甚凶恶。王笑曰："贼不西走大名，南下淮阳，而屯兵于坚城之下，此自败之道也。"逾旬果为舒文公所灭。又石峰堡回民叛时，王曰："西北用兵，当决水道使其涸守自毙。"后阿文成公果用其计破贼。

第八次袭爵者为昭梿。第九次袭爵者为麟祉。第十次为全龄。第十一次为世铎。世铎于民国三年（一九一四年）死。

府第规制

乾隆年间吴长元著《宸垣识略》卷七记曰："礼亲王府在西安门外东斜街酱房胡同口。"《啸亭杂录》卷二载："礼亲王府在普恩寺东。"今礼王府地址与吴氏所记坊巷合，普恩寺在酱坊胡同西北，礼王府在其东，亦合。知原华北文法学院校址即乾隆以前旧礼王府无误。

北平故老相传，清代王府之大者为礼王府与豫王府，有"礼王府房，豫王府墙"之谚。房喻其多，墙喻其高也。礼王府现为某中央机关占用。豫王府已全部改为西式建筑，今协和医院即豫王府，尚称完整。按王公府第建置规模皆有定制。据乾隆会典载府第规制曰："凡亲王府制正门五间，启门三，缭以崇垣，基高三尺；正殿七间，基高四尺五寸，翼楼各九间，前墀环护石阑。"礼亲王府为使用明外戚府重建者，多依规定使用；旧者则与规制不合，如规制载：门楣只许用彩绘云龙，现存大殿门下部则为雕刻云龙，其工艺显然为明代手法。

又据故老传言，光绪庚子八国联军之役，礼府为法军占领；法军以殿名"银安"，遂掘殿基，果得银窖。此事礼府太监言之凿凿。按王府正殿俗称银安殿，与皇宫正殿称金銮殿意义相合，金殿既不藏金，银殿岂能藏银？果如太监所言之确，则"银安"可谓名副其实矣。姑志之以资谈助。

（选自《文史资料选编》第三十一辑）

清恭王府

清代之封恭王者，首为顺治第五子常宁，再则为道光第六子奕䜣。常宁亲王之封，及身而止，故其子孙不复有恭王之号。今之恭王府，则为奕䜣之府，而由其孙溥伟继承之者也。府之最初历史，有谓为康熙间大学士明珠旧第，遂以说部《红楼梦》之大观园附会之。关于此点，文献无征，殊难置信，仅属闾巷传闻，聊资谈助而已。据《啸亭杂录》所载，则成亲王永瑆府实为明珠旧宅，[1]前所传者，或成亲王府之讹也。

① 见《啸亭续录》卷二《诸王府第》条。

恭王府初为乾隆时大学士和珅第。嘉庆四年（一七九九年），珅获罪，第宅入官，嘉庆遂以赐其弟永璘，是为庆王府。咸丰间，又以赐其弟奕䜣，是为恭王府。自乾隆以迄清末百余年中，此府主人，为和珅、永璘、奕䜣三系，简册可稽，缕述于下。

和珅字致斋，满洲正红旗人，初以生员授侍卫，不数年，擢至军机大臣，总理枢政，为乾隆所信任。嘉庆四年正月乾隆卒，御史广兴、王念孙等疏勒和珅不法，即传旨逮捕，命王大臣会鞫，得实，宣布罪状，凡二十款，其始末具见《嘉庆实录》，其罪状第十三款有曰：

> 昨将和珅家产查抄，所盖楠木房屋，僭移逾制，隔段式样，皆仿宁寿宫制度，其园寓点缀，与圆明园蓬岛瑶台无异，不知是何肺肠。

观此，和珅第宅，为罪状中之一款，其富丽可知，宜乎世人对之多所传说也。

和珅案定后，其第即以赐永璘。嘉庆四年四月上谕内阁有曰：

> 前据萨彬图奏，和珅财产甚多，断不止查出之数……又据萨彬图具奏，向伊戚问出和珅窖埋金银，大概不离住宅之语。和珅之宅，已赏给庆郡王永璘居住，和珅之园，已赏给成亲王永理居住。若将所指管账使女，严切刑求，必致畏刑妄供某物埋藏某处，以庆郡王府第，成亲王寓园，令番役多人，遍行掘视，断无此事。

读此，知和珅败后，府第即赐与庆王永璘，至谕中所谓赐与成亲王永璘之园，当为西郊之别墅，[①]不属于宅第之中。至于第宅地点，《宸垣识略》卷八云："大学士三等忠襄伯和第，在三座桥西北。"《宸垣识略》撰于乾隆五十三年，其所载王侯甲第，皆得之亲见，为前人所未载。其曰大学士和者，正和珅当用时也。又《啸亭续录》卷二云："庆王府在三座桥北，系和珅宅。"

《啸亭杂录》撰者，系嘉庆间礼亲王昭梿，其言当可信据。据其所记地点，足证其地实即今之恭王府也。顾何时由庆王府转为恭王府，则须先明庆王、恭王之谱系。按庆王名永璘，乾隆第十七子，乾隆五十四年封贝勒（第三等爵），嘉庆四年封郡王（第二等爵），二十五年晋封亲王（第一等爵）卒，子绵慜降袭郡王。道光十六年慜卒，继子奕彩袭。二十二年奕彩缘事革爵，以永璘第五子绵悌奉永璘祀。二十九年绵悌卒，又以永璘第六子绵性之子奕劻为后，承袭辅国将军（第十等爵）。光绪十年封庆郡王，二十年晋封庆亲王，是为清代庆王谱系。[②]今辅仁大学西，另有庆王府，则奕劻封庆郡王后，就道光间大学士琦善故宅所改建者也（见《京师坊巷志稿》卷上）。[③]恭王名奕䜣，道光第六子，咸丰即位封王，事在道光三十年，则其有府亦当在此期间。检宗人府玉牒，奕䜣名下书："咸丰二年分府……"《清史稿·奕䜣传》亦称："文宗即位封恭亲王，咸丰二年四月分府，命仍在内廷行走……"清故事：皇子例居宫内三所等处。[④]移居宫外时，赐第宅，谓之分府。奕䜣分府既在咸丰二年，则庆王府旧第，当于此时属诸奕䜣。根据此点，

① 据《养吉斋丛录》载，成亲王永瑆赐园，初在绮春园东，西爽村联晖楼处。嘉庆间别赐园宅，西爽联晖皆并入绮春云。所云嘉庆间别赐园宅，当系嘉庆四年将和珅园寓赐与事，珅园虽不详所在，疑亦在圆明园附近。按清代各帝皆常住圆明园，大臣承值者，咸有赐园。如绮春园即傅恒之赐园，殁后始缴进者。和珅任枢臣久，当亦应尔也。

② 见宗人府玉牒及《清史稿·皇子世表》。

③ 《京师坊巷志》（卷六引采访册："庆郡王府在定府大街"。按语云："庆亲王，讳永璘，高宗十七子，谥曰僖。今王奕劻，初袭贝勒，光绪十年晋郡王，府为道光时大学士琦善故宅。"

④ 宫中有殿宇一处，名三所，亦名阿哥所。阿哥满语，盖皇子也。故此处殿宇，专为皇子所居。

翻阅清内务府档，获得此项史料一通。其文曰：

> 总管内务府为请旨事，前经臣衙门具奏，将辅国将军奕勛府第，官为经营，赏给恭亲王居住。仰蒙恩准，并将道光间惇亲王绵□瑞亲王绵□，分府赏赍什物等项，分缮清单，恭呈御览，各在案。咸丰元年三月十八日。

按：惇亲王名绵恺，嘉庆第三子；瑞亲王名绵忻，嘉庆第四子。此折虽为分府赏赉物品事宜而作，然折首述及奕勛府第赏给恭亲王之语，可知庆王府之改为恭王府，应在咸丰元年，惜内务府初次奏折，遍寻未获，其月日未能确指耳。至奕䜣之迁居此府，则在咸丰二年四月二十二日，亦见奏销档中。其文如下：

> 总管内务府为请旨事，前经臣衙门具奏，恭亲王府第工程，将次修竣，请于何月选择移居吉期一折。二月初四日，奉朱批依议，著行知钦天监，于本年四月十五日至五月初五日择吉，或五月十一日以后亦可。钦此。遵即行知钦天监选择。兹据该监择得吉期二日，另缮清单，恭呈御览，为此谨奏请旨等因，于咸丰二年二月十八日具奏，奉朱批圈出四月二十二日分府吉，钦此。

按：奕䜣四子，长载澂，次载滢。载滢曾出继钟郡王奕詥为嗣。光绪二十四年奕䜣卒，其子皆先逝，乃以载滢子溥伟为载澂嗣，袭爵恭亲王（参阅世系表）。民国肇造，溥伟居大连，府则由其本支兄弟居住。

据前所述，恭王府第之沿革，已极明了，惟对于府第建筑物之状况，记载缺乏。据内务府奏报奕䜣分府日期折所述，其外尚应有奏报修理工程折，亦不获见，斯为憾耳。惟和珅第宅之钜丽，已见前引之罪状第十三款中，有楠木殿宇，又隔段样式皆仿大内宁寿宫之制等语。前随陈援庵、沈兼士先生往观现状，其楠木檀柱，尚可窥见一二，至中路正殿之隔段暗楼等，与故宫宁寿宫乐寿堂之款式，实可称具体而微，[①]嘉庆罪和珅之言及今证之，不误也。又据查抄和珅家产清单，其花园及正殿房间数目，总数达三千间，其统计亦足惊人。[②]至和珅第宅之富，在其未获罪前，已著闻于世，《啸亭续录》卷二记云：

庆僖亲王，讳永璘，纯庙第十七子。乾隆末年，或有私议储位者，王曰：天下至重，何敢妄觊，惟冀他日将和珅邸第赐居，则愿足矣。故睿庙籍没和相，即将其宅赐之，以酬昔言。

《啸亭续录》所记，可见和珅第宅之富，更知永璘得府之因，诚一有趣之掌故。迨嘉庆二十五年，永璘卒，其子绵愍始奏报府中有逾制建置多种，载于实录。今录如下：

嘉庆二十五年五月谕，据阿克当阿代庆郡王绵愍转奏，伊府中有毗庐帽门口四座，太平缸五十四件，铜路灯三十六对，皆非臣下应用之物，现在分别改造呈缴。国家设立制度，辨别等威，一名一器，不容稍有僭越。庆亲王永璘府，本为和珅旧宅，此等违制之物，皆系当日和珅私置，及永璘接住后，不知奏明更改，相沿至二十年。设当永璘在日查出，亦有应得之咎。今伊子绵愍，甫经袭爵，即知据实呈报，所办甚是。所有毗庐帽门口，该府已自行拆改。其交出之太平缸、铜路灯，着内务府大臣另行择地安设，并通

① 乐寿堂为乾隆禅位后颐养之地，《清宫史续编·宫殿》九，载有高宗《咏乐寿堂》诗。清季慈禧后亦居于此。

② 见《史料旬刊》及清朝史料。

谕亲王、郡王贝勒、贝子及各大臣等，《会典》内王公百官一应府第器具，俱有限制，如和珅骄盈僭妄，必至身罹重罚，后嗣陵夷，各王公大臣等，均当引以为戒。凡邸第服物，恪遵定宪，宁失之不及，不可稍有僭逾，庶几爵禄永保也。

据此，知和珅第在绵愍时，曾稍加拆改，赐恭王时则官为经营，然亦不过略加修饰而已，其较大之增置，则属恭王奕䜣后曾别筑鉴园。《天咫偶闻》卷四云：

恭忠亲王邸在银锭桥，旧为和珅第从李公桥引水环之，故其邸西墙外，小溪清驶，水声霅然。其邸中小池，亦引溪水，都城诸邸，惟此独矣。珅败后，以赐庆亲王。恭邸分府时，乃复得之。邸北有鑒园，则恭邸自筑，宋牧仲有《过银锭桥旧居》诗，或即此第。

其他改建，史料未见，至绵愍缴进之太平缸、路灯等，嘉庆谕旨中有令内务府择地安置等语，当指宫内而言。《竹叶亭杂记》卷二云：

和珅查抄议罪后，分其府第半为和孝公主府，半为庆亲王府。嘉庆二十五年，庆亲王薨。五月十五日，阿克当阿代郡王绵愍呈出毗庐帽门口四座、太平缸五十有四，铜路灯三十六对，皆和珅家故物，此项亲王尚不应有，而和珅乃有之，庆亲王未及奏者且二十年。缸较大内稍小，灯则较大内为精致，因分设于紫禁。今景运、隆宗两门外，凡所陈铁缸及白石座细铜丝罩之路灯，皆其物也（梁章钜《归田琐记》所载略同）。

毗庐帽门口，系一种特别建筑物，只可言改造，不可言呈出。所呈出者，太平缸及路灯耳。今故宫景运、隆宗门二处，确有铁缸及铜丝罩灯等物，其内东路内西路之长街，亦有设置，其为和珅之物，似属可信。且故宫正殿及寝宫，皆有太平缸，其质属青铜，式样典雅，光可鉴人，并镌制造年代，更有包赤金叶者，尤方堂皇富丽。缘此类铜缸为宫内造办处所造，[①]匠作之巧，铜质之精，皆非外间所易有。若景运门等处所置之铁缸，则为生铁铸成，质地粗糙，出诸市场工人之手，可以断言，《竹叶亭杂记》所记殆不误也。

当嘉庆四年和珅第宅赐与永璘后，同年十月，嘉庆曾亲临其府，《实录杂记》云："嘉庆四年冬十月壬寅（十七日），上幸庆郡王永璘第。"

嘉庆二十五年，永璘卒，嘉庆又曾亲往赐奠，亦见《实录》，府第归恭王奕䜣后，咸丰曾奉皇太妃庄侍膳，在清制尤为异数。《咸丰实录》云："咸丰二年八月戊戌（二十一），上奉皇贵太妃幸恭亲王奕䜣第侍膳。"

上为关于恭府掌故，因并书之。考奕䜣为道光静贵妃所生，咸丰则为孝全皇后所生，但后早卒，咸丰幼时，受妃抚育，故即位后，尊曰皇考康慈皇贵太妃，咸丰五年，尊为康慈皇太后，《实录》虽未叙明所奉太妃往恭府侍膳者为谁氏，以意揣之，当为奕䜣生母静妃也。

〔附记〕故宫博物院文献馆藏《京城全图》有二：一为五十一册，坊巷宫殿备列无遗，一为三十七卷，阙宫殿之部。册为正本，卷为副本。正本为清乾隆十四五年间所绘制（见《文献特刊·清内务府藏京城全图年代考》），故图中无恭王府之名。副本则为同光间所重摹，于衙

---

① 造办处为清代内务府所属机关之一，掌造内廷交办物件。制造铜质物品之处，有铸炉处、铜钣作等，见《内务府现行则例》。又《史料旬刊》第二十五期载内务府奏销制造铜缸折。见《清史稿·静妃传》。

署府第之损益，概依当日现状改绘。前文撰竟，获见此图，图中已注有“和硕恭亲王府”字样矣。又检正本图册中，今恭王府一带，所绘院宇，皆卑陋狭小，不类达官府第，是和珅于乾隆十四五年间，似尚未居此。惟据恭王府现尚悬有慎郡王书“天香庭院”匾一方。慎郡王名允禧，康熙第二十一子，雍正朝封贝勒，乾隆即位晋王爵，二十三年卒。以时代考之，此匾非庆王、恭王所有，当系书与和珅者，据此知和珅建邸时期，在乾隆十六年至二十三年之间也。此点为文中所未及，兹补述于此。

（选自《故宫札记》）

东交民巷使馆界和清代堂子重建

一九〇〇年，我国近代史上有名的反帝爱国运动——义和团运动被清王朝和帝国主义联合镇压下去。从此，清王朝就肆无忌惮地投身到帝国主义怀抱里去了。一九〇一年，奕劻、李鸿章代表清政府和英、德、俄、美、日、法、意、奥等八国联军签订了《辛丑条约》。这个条约变本加厉地把我国的领土和主权出卖给帝国主义，使我们的祖国蒙受耻辱。这个条约的第七款规定：

大清国国家允定各馆馆界，以为专与住用之处，并独由使馆管理，中国民人概不准在界内居住，亦可自行防守。

也就是说，在一个国家的京城内允许外国人划地自守。这就是东交民巷使馆界的由来，也是中国殖民地化加剧的表现。

从条约附件十四所画使馆界四周的图样来看，实际上，正阳门棋盘街以东，崇文门大街以西，东长安街以南，前门至崇文门城墙以北的地区都割让给帝国主义了。那一块地方连城墙都包括在内。所以从那时起正阳门至崇文门一段城墙，中国无权管辖，也归帝国主义统治了。

当时的使馆界原是清王朝政府东部的衙署机构，现在拱手让给洋人。

使馆分布的情况大致是：法国使馆原为太仆寺和纯公府；日本使馆原为清堂子和肃王府；俄国使馆原为兵部、工部的一部分以及太医院、钦天监等地；英国使馆原为翰林院、鸿胪寺、达子馆等地；葡萄牙使馆原为经版库等地；比利时使馆原为大学士徐桐等住宅；美国使馆原为会同馆、庶常馆等地；奥国使馆原为镇国公府等地；荷兰使馆原为清怡亲王祠等地；德国使馆为头、二条等地。使馆界南面城墙上使馆派兵把守，使馆界北面在现在东单公园地方则修建兵营，还砌砖墙，留出枪眼炮眼，专门保卫使馆。

帝国主义既然在东交民巷建立了使馆界，这样就把清代既神秘而又严肃的堂子占领了。

堂子是清朝宗教性、礼制性的建筑，是个神秘的地方。里边供奉些什么？谁也没有见过。有人说供奉祖先，有人说供奉神像。如果是神像，又是些什么神像？虽有种种传说，但都未能确指。只知道它必须建立在东南方向，每年祭祀。乾隆时的《满洲祭天祭神典礼》一书中，就已说不清楚这个问题。和堂子一样神秘的东西还有个神杆，每个王府和贵族住宅的东南角都矗立着神杆，它的来历也同样说不清楚。只是传说满族有一祖先名叫樊察，在一次战争中打了败仗，敌人追近，忽然来了个喜鹊盘桓在祖先的头上，敌人幻觉前面是个枯树枝，上面停着个喜鹊，于是就停止追赶。《满洲实录》里神鹊救樊察的图画说的就是这个故事。为感恩起见，满族的王爷府都在东南角树立神杆，以示纪念。

堂子被占，这比政府机构被占领还要重要，因而在划定使馆界后，清政府就马上积极筹建新的堂子，从下面一件史料就可以说明。

奕劻等奏，恭照堂子建于长安左门外北向，内门西向。祭神殿三楹，拜天圜殿一座，东南隅尚锡神亭一座，均黄色琉璃瓦米色油饰。此外，库房守卫官、看守人房随建。每届祭祀照例由礼部内务府敬谨将事。现在地基划入各国使馆界内，而祀典攸关，自应照式勘丈绘图，以便另建。当即饬礼部祠祭司、内务府掌仪司各员等，合同前往详细勘丈，将规制绘图帖说呈，由臣等详考无异。伏思回銮在迩，堂子礼节届时举行，必须赶即择地兴建，方始妥慎相应，请简派大员专案承修，以期迅速……奕劻、徐郙……光绪二十七年七月十九日　奉

朱批：著照所请，即着张百熙等敬谨改建。

堂子要重建，就有了选择地点的问题，并不是随便找个地方就可以建立的，必须是东南方向。下面的史料就是说明选择新建堂子地点的问题。

奕劻等谨奏，再查堂子改建，自应仍以东南方为宜，当皇城外东南一带，无甚合宜之处。谨勘得东安门内迤南河东岸尽东南隅，地虽稍狭，南北尚属宽展，且与禁门临近，于此地兴建，如遇皇上亲诣行礼，跸路往来，尤为得宜，不过因地制宜稍加变通。

于是堂子的方向定下来了，由皇城外迁到皇城内，方向不变，体制略有变通。所变通的大概是地区稍小了一些，按现在的地点来说，是紧邻旧北京饭店之西，在欧美同学会的对面。八十年代中期拆掉的那一组琉璃瓦的旧建筑群，现为贵宾楼饭店。

当日划归使馆界的区域，除土地外所有一切建筑物都归外国人所有，不能拆迁。清王朝要重建堂子，当时苦于无建筑材料，只得又向外国人商洽，购置原堂子拆下的材料。而当时贪婪的外国侵略者，还高抬价格，几经磋商，才买下来。下面再移录一段史料，这是承办修建堂子的张百熙写给鹿传霖等的一封信。

> 敬肃者，熙等奉到改建堂子谕旨，当即移会礼部督同司员等敬谨踏勘地址，方虑工程郑重，选料不易，正踌躇间，适闻洋人将拆堂子正殿三楹木料琉璃瓦片等物，估价变卖。深恐其展转别移作他用，有亵二百余年列圣昭事上天之故物……因即随遣工程处司员带同翻译暨木厂商人与该洋人面商，令其让还，以资改建。洋人始以业经别售为词，继则高抬价值，磋磨再四，乃得以京二两平足银七千两售还……督同司员逐加拣择，除糟朽之料不计外，大梁柱托斗料各件，多楠木黄松，为近时所不易得者。铜驼荆棘之日，犹能见业于开国之初，固列圣在天之灵，所默为呵护也。

通过张百熙这封信，可以看出当日帝国主义对中国侵略使用敲诈勒索的手段是多么狠毒。张百熙的信最后写上感谢清代列圣在天之灵，才能用高价买回一批旧木料，这只不过是聊以解嘲和自我安慰罢了。

附：王钟翰《堂子考释》

堂子，满语tangse，汉文初译“玉皇庙”、“城隍庙”，或单译一

“庙”字，后按满语音译为“堂子”。北京的堂子是一六四四年（顺治元年）建立的，原址在东长安门外、玉河桥东翰林院之东，即今东长安街路南一带。庚子时（一九〇〇年）八国联军入侵，订立《辛丑条约》。堂子原址被划入使馆区。所以，到一九〇一年（光绪二十七年）又于长安街北、南河沿南口，即今北京饭店附近，重建堂子，一仍旧式。

堂子的主要建筑有三：一是祭神殿，五间，南向；二是圜殿，北向；三是尚神殿，同向。圜殿之南设有皇帝和宗室王公致祭时所立竿子的石座共七十三个，各按行序排列。祭神殿所祭的是释迦牟尼佛、观世音菩萨、关圣帝君；圜殿则为主神：纽欢台吉、武笃本贝子；尚神殿则为尚锡神（即田苗神）。不祭时诸神安奉于坤宁宫，祭日前请入堂子。致祭时由萨满祝祷，弹三弦，拍神板，既歌且舞，举刀指画。祝词初用满语，乾隆时始改为汉语，而满洲神名不改。

满族先世本来信仰萨满教（多神教），堂子就是祭天、祭神、祭佛的公所。最初，室内供祖宗板子，院中则立神杆（又称索罗杆子），可以任何地方举行。入关前，满族贵族凡有重大的政治、军事等活动，均举行祭堂子的仪式；入关以后，北京的祭堂子已没有其原来的意义了，只是作为满族旧俗较多的皇室礼俗而保存下来。而且祭堂子日趋神秘化，因为蒙、汉大臣均不得参加祭堂子，外人便无从闻知了。

（参见《满洲实录》、《清太祖武帝实录》、《钦定祭天祭神典礼》、《圣武记》、《天咫偶闻》等书）

（选自《文史资料选编》第九辑）

团城玉佛

〔作者按〕抗战胜利后，与常维钧先生共事一处，日常闲谈北京历史掌故。一日谈及团城玉佛，常先生出示玉佛寺所供奉玉佛照片，照片后印有缅甸仰光图记，遂翻印一张。常先生嘱予写一考证文字，经常先生审定，多年来一直置之书阁中。今偶发见，北京市政协文史资料负责同志认为有关北京史迹，遂以复印。

一九八四年一月十九日

团城在首都是著名的古迹，它有巍峨辉煌的建筑物——承光殿，近千年的参天古松和黑晕白章的古玉瓮。在承光殿里还供奉着一尊通身洁白镶嵌着许多各色宝石的白玉石佛——释迦牟尼坐像。

团城是一座具有雉堞砖城墙的圆形高台。它是辽金元明清所遗留下来的园囿宫殿一部分。承光殿建筑在团城的上面，在元代名仪天殿，明代改为承光殿，俗称之曰圆殿。现在的承光殿则是清康熙二十九年（一六九〇年）所重建的[①]。城上种植了松柏多株，其中有虬干奇伟的，在明朝的记载里就指称为数百年物[②]。古玉瓮是元朝广寒殿中的“渎山大玉海”，后来沦落在道士庙里，用作腌菜缸了[③]。到了清乾隆时才发现它，以千金购回，放置在团城的中央，覆以琉璃亭。乾隆皇帝并咏诗作歌记载这件事。然而在近几十年来这些文物和古迹都不及玉佛那样脍炙人口。提起团城都是同玉佛并称，游览团城的人也是绝大部分专为参拜玉佛而来。因而这座姿态妩媚坐在承光殿正中的白玉石佛，俨然是团城的主人翁了。可是它的来历不明却是一件遗憾的事。有的人说是清乾隆年间的，还有说是更早的，但总是文献无征。

清乾隆皇帝是个兴趣广泛的封建君主，什么诗词、歌赋、绘画、书法、古玩、考证以及游猎各事，无一不好。在他的生活史上留下了许多重要记载。像团城的古松和玉瓮他都有诗有歌，但在所谓《高宗御制诗文集》里却找不到关于玉佛的片纸只字。因此在乾隆朝的团城里是否已有玉佛存在，这在首都名胜古迹中是值得研究的一件小掌故。

在三十多年前，我们听到北京老住户说，团城玉佛是光绪二十四年

---

① 见清代内阁大库黄册。

② 《日下旧闻》引明人《莆田集》：“承光殿一名圆殿，中有古栝数百年物也。”又引《燕都游览志》：“殿前古栝传为金时物。”明宫史、清宫史亦均有记载。

③ 藏玉瓮的道士庙，在今南长街。我们曾往调查，庙宇尚存。按今南北长街在元大都宫殿范围内，明代毁元宫殿后，此地已非禁苑。元朝宫殿遗址改为道士庙。重数千斤的玉瓮亦成为道士庙物，庙乃名玉钵庵。不一定如后人所传说系由元广寒殿搬运到道士庙中。

（一八九八年）时才有的。他们是这样讲的：北京西郊海淀关帝庙僧人明宽精通佛教典故，约在光绪十八、九年间与北游京师的粤僧智然及弥勒院住持惠通结伴旅游安南、缅甸、暹罗各地，寻访佛家事迹。明宽原与西直门内伏魔庵住持灵辉友善，当日清宫太监多为灵辉弟子，于是明宽亦结识太监多人。他去南洋旅游时自己多吹嘘中国慈禧太后嗜佛。他以大清国的僧人身份游历各地，颇受欢迎。在缅甸遂募化得大玉佛、小玉佛各一尊，回国后以大玉佛进呈慈禧太后，小玉佛供奉伏魔庵，并改伏魔庵为玉佛寺。

二十年前我们曾往访过现仍存在的玉佛寺，该庙已改为尼僧庙，而老尼亦能谈玉佛故事。据称大玉佛进呈太后后得赏银五百两。小玉佛在光绪末年被灵辉卖与北京所谓“路三爷”者，讲价白银六百两（实际并未付给）。宣统二年（一九一〇年），灵辉又将玉佛寺出卖，遂改为尼僧庙。该庙虽仍名“玉佛寺”，实际已无玉佛，仅供奉大玉佛照片一张，旁立一僧即明宽和尚，并有题字。一九二九年古物保管委员会工作汇报里也曾简单介绍玉佛说：

> 玉佛的来历载籍无征，寻索为难。据北平市故旧传说系前清光绪二十四年北京西直门内玉佛寺僧人明宽，由缅甸募化得来，转给内务府大臣立山呈进内廷，慈禧太后敕供养于承光殿。

所介绍的资料与我们所听到的相合。另据懂得雕刻的专家意见，从玉佛雕刻艺术上讲，认为它没有石雕佛像的庄严气氛，只有单纯的线和面。由于是刻在光润无比的白玉石上，所表现的仅是美丽清新而已。又指出这种佛像应该是缅甸、暹罗、南洋一带的小乘教佛像，时代还是较近的。这些看法与前面所说的玉佛来自缅甸的话也相吻合。在一九〇三年时（清光绪二十九年）慈禧曾请过一美国女画家卡尔给她画像。卡尔回国后曾写过一本写照记，一九一五年上海中华书局译成中文印行。该书第十章卡尔记游览故宫三海时，有一段说道：

> 未几至一墙壁下，仰望女墙高耸，千仞壁立，状如欧洲之高寨，形势绝险。予初疑九重之内，何来此小小城堡，询之旁人，始知亦为兰若所在地。予好奇之心遂大动，亦欲一登为快。因即在其桥边登陆，宫监已在此为予辈预备小轿几乘，乘之上寨，盘旋曲折，历尽辛苦，始获竟登其巅。则有壮丽之庙宇一所，掩映于万绿丛中，景色之佳，得未曾有。极目四顾，全宫形胜可一罗之衣袖间。庙之两旁分种松柏之属千章，庙貌益觉尊严无伦。中供大菩萨一尊，全体为白玉所雕，色相如华人，不似一般佛像。神坛前燃大蜡烛二，鼎中香气缕缕上升，虔奉之花果等物，亦极新鲜。而佛头上则披有绣花小巾一方，观此则知两宫已来此为一度之祭祀矣。

这是外国人在一九〇三年所看到的团城玉佛。外国人认为团城是一座“兰若”（庙宇），国内也有许多人一直认为团城在过去就是一庙宇建筑。因此有很多人坚持玉佛是二百多年前乾隆时就有的。但下面事实可以证明团城不是一座庙宇建筑。从清代道光内务府现行则例中，我们可以看见在宫苑里凡是供佛的殿宇都有“钱粮”（经费）的预算，每年使用的香烛灯油等物都有数字。其中并无承光殿供奉玉佛的记载。在清宫史续编中记载乾隆的故事，也仅是在团城里游赏风景或临时办公换衣服各事，也没有供佛的话[①]。

从这里也可以说明玉佛在乾隆时还没有，应当是清朝末年才进入团城的。为了更明确的把这件事弄清楚，我们便从清代官书和历史档案

① 清宫史续编：每年乾隆在南郊雩祭后，顺便到此殿更衣或有时批阅奏折。

里搜集更可信的史料，因为团城在那时候是皇宫禁苑，玉佛入居承光殿事一定会有记载。使人高兴的是这件史料被我们发见了，玉佛确是在一八九八年（光绪二十四年）才进入团城的。据清内务府奏销档中有奏折一件，原文是：

> 光绪二十四年十月初五日奏为据情代奏请旨事，窃据僧人明宽呈称：该僧人籍隶中华，旅游徼外世，沐皇恩未能仰报，谨恭备白玉释迦文佛坐像一尊，高六尺二寸，重二十四百斤，周身袈裟，各色宝石庄严。又卧佛长二尺一寸，并镀金舍利塔一座，高一尺六寸，又贝叶经三部，银供钵一口，于本年三月十六日，由新加坡航海至七月初八日到京。所有贡物现存于马家堡铁路车站，据呈请代奏前来。查该僧人不远数千里呈请进贡，情词肫恳，自系出于至诚……光绪二十四年十月初五日具奏。

有了这件史料，使我们完全肯定玉佛的来历已有文献可征了。近来又有许多人谈到这个问题，我们除将旧有资料整理出来，又特意跑到西直门内玉佛寺中再度调查，并将所供的明宽和玉佛照片借出，翻印出来公布参考。该照片系在缅甸仰光起运前所照。现在住持老尼僧更娓娓谈述伏魔庵改玉佛寺故事。据文献，现在我们可以这样说：玉佛是一八九二到一八九七年间中国僧人明宽在缅甸募化而来；一八九八年明宽回到中国，将玉佛献与晚清慈禧太后而供奉在北海团城承光殿的。

一九五五年一月十五日脱稿

（选自《文史资料选编》第二十四辑）

四　建筑工艺研究

中国建筑的隔扇

隔扇是中国住房里内檐装修的一种。它的功能很大，能灵活地区别划分室内的空间。由于我国老式建筑屋顶重量完全由木骨架承担，在室内没有厚重的荷重墙，几间大房子的内部面积就是一座宽阔的大厅。若要将这宽阔的空间划成为几个部分，完全可以由居住的主人根据生活的需要与爱好，用内部装修——隔扇的办法进行安排。同时它能够变化多样，给建筑物内部增加艺术美。一座建筑物不仅造型外貌要美，内部更需要注意生活上、实用上的美。中国的隔扇应当说在这一点上起着很大的作用。当然室内的美化还有其他的室内装饰的处理，现仅以介绍隔扇为主。

隔扇有多种多样。总名字有时叫它为隔断，是指室内作间格用的。主要是木材制作的，在安装上灵活性很大，可以随时拆卸。在冬天可以用隔断装成一个暖阁。如明清时代的皇宫在冬季，由于宫殿高大，除在殿内地面上利用炭盆供热外，凡是寝宫都利用室内装修隔扇等将殿内空间缩小，殿顶由高降低，来保持室内温度。到夏日来时，又可以恢复成一个大厅。

在一间房子里靠一头左右立起这两扇隔扇，上边插一横楣子的落地罩，这样一横两竖的装修在隔扇以里就给人是另一房内的感觉。横楣上挂起帐幔，随时安装。三间、五间、七间的房子，用隔扇内隔起来，可以成为几个单间。还可三间变成一明两暗，可谓运用自如。

隔断大致有几种：墙壁；半透明的可随意开合的“格门”；半隔断兼做陈设家具用的“博古书架”，作为区划标志的落地罩、栏杆罩、花罩；在炕上或床前作轻微隔断为“炕罩”，迎面方向固定的隔断，开左右小门为“太师壁”；用着随意，内外随时通联的“帷帐”等。

顺便说一下屏风。它是介乎隔断和家俱之间的一种活动自如的屏障，也是很艺术化的一种装饰。用在室内能活动移置的即是屏风或插屏。若大厅内内屏门因不能移动的，应属于小木作的门类。在室外则为照壁、屏门、插屏、影壁。如故宫中的景仁宫石壁，寿安宫屏门等。

（选自《故宫史话》）

琉璃工艺

谈起琉璃，人们会很自然地想到那古今建筑上的琉璃砖瓦，想到那多种多样的琉璃器物，想到它们或黄或绿或碧或青的流光色彩……也许还会想到这样的问题：琉璃是什么时候产生的？制作技术是怎样的？在这篇短文里，将对此作简要的介绍。

源远流长

琉璃即陶胎器物上挂釉。在我国古籍里“琉璃”又写作“流离”，是形容它有流光陆离的色彩。

从田野考古中所发掘出的实物告诉我们，在公元前十世纪的西周时代，我国制作琉璃工艺，即已相当成熟。在实物中有奴隶社会的琉璃项链，工艺之精，令人叹赏。可以看出，这样的工艺水平，决不是短时期能够达到的，其时间可能早于所发掘出来的实物数百年或更早一点。此外，在商周时期的陶器上涂有釉料，考古上称为釉陶，由此又说明在陶胎上挂釉也是三千多年前的事。据中国科学院硅酸盐研究所对釉陶化学的分析数据表明，当时用的是石灰釉，因之呈现青色或青绿色。

到封建社会，封建主用琉璃制作剑匣、龟鱼、屏风青廉等物。从秦汉以来，在帝王和贵族的坟墓里，经常发掘出大量的带釉陶器如陶楼、陶屋、陶罐。公元五世纪我国北魏时代，开始大量在建筑上采用琉璃。到了六、七世纪隋、唐时代，在建筑上使用的就更多了。那时，琉璃一般在屋脊和檐上使用。唐代更盛行制作琉璃釉明器（即唐三彩殉葬品），有驼马人物等埋在坟墓中，这种琉璃明器成为八世纪的特种雕塑工艺。它们涂有多种釉色，栩栩如生，鲜艳可喜。唐末五代至宋朝已出现整体建筑使用琉璃构件，如今河南省开封市的“铁塔”，就是一座宋代建造的琉璃塔，全身都是黑色琉璃砖瓦砌成，以其颜色全黑似黑铁，故俗称铁塔。这座琉璃塔一千年来还完整无缺，不但气势挺拔，而且流光鉴人。从宋代到元、明、清三朝，璃琉砖瓦，陶胎带釉的桌、椅、佛龛，琉璃壁、花朵、流云等，大为盛行。以宫殿而言，元代大内宫殿都用琉璃瓦，有的饰屋脊、屋檐，有的满铺屋面，颜色有白、绿、黄、碧、青各种，彩色缤纷，艳丽夺目。在元大都（今北京）还设有琉璃窑厂，专门制作琉璃制品。此外在山西、河南等省古建筑中保存不少琉璃桌椅、香炉、瓶缸以及建筑上琉璃饰物。如山西省霍山麓上有一座斑斓绚丽的琉璃塔，名为飞虹塔。它创造在元代，全部构件有佛像、棂窗、花朵、流云，都是用各色琉璃釉烧制的。山西大同有著名的琉璃壁，平遥县也有。北京故宫、西苑太液池琼岛北岸，有为人所熟悉的琉璃九龙壁，还有多座琉璃殿屋、牌坊等，形成一片琉璃世界。在北京郊区和河北承德的行宫庙宇及帝王陵寝，都是琉璃建筑，掩映在苍松翠柏之中，景色宜人。在明代其他各省琉璃构件建筑物也不少，因之全国各地设有琉璃窑厂多处，清代继续使用。

在今天，劳动人民所创造的琉璃工艺，已归还劳动人民。在党和政府支持下，已进一步创造社会主义新型的琉璃工艺，为广大工农兵服务。品种缤纷，形式新颖，工艺精美，行销国外。

精工细作

由于我国琉璃工艺的历史悠久，因此在制作技术上的水平是相当高的，积累的经验也是很丰富的。

制造琉璃的主要原料，从古以来都是采用含有硅酸的天然矿，用高温熔为稠汁，制成各种饰物。在《汉书》里说："今俗所用，皆以消治为汁加以众药为之。"这是智慧工匠们在实践过程中认识到消（硝）能熔解制作琉璃的多种矿物的经验。又《异物志》载："琉璃本质是以自然灰治之，可为器。"这是琉璃工人认识到利用碳酸钙（即石灰石）以熔解矿石，这些经验的记载，符合现在科学上所称用石英、长石、粘土等硅酸盐混合物在高温中熔制而成的科学原理。以后到宋代人所著的《营造法式》一书中载"凡造琉璃瓦之制以黄丹洛河石和铜末用水调匀……"此处所说三种配料，从化学分析是制作绿色琉璃瓦。黄丹是铅所炒成，洛河石为石英类，再加上铜末，即能呈现绿色釉。关于制釉料的配比和所成颜色，还数见于多种文献中，在此就不加以介绍了。

下面再谈谈琉璃制品的制作程序。简单说来，是先制胎，然后在烧成的陶胎上挂釉，再入窑烧。根据近六百年来明、清两代传统办法，第一道工序是先选土制泥。早期的胎土多是一般粘土掺以细沙，由于粘土含铁量多，所以呈现红色。明初以后，发现页岩石碾成细粉是制陶瓦的好材料，于是将采来的页岩石去头渣子，再碾轧成碎粒，经过筛，把细粉浸润成泥，名曰闷泥。闷泥时间越长越好，一般五一七天，目的是加强泥的塑性；以后再进行搅拌揉合，以达到柔软滑润的程度，称之为弄熟。胎泥弄熟，即进行制作粗坯，再平放六七天使泥水挥发出，然后按造型比例进行铲削，成雏形坯，术语叫做打糙样，又称打坯；此后随即着手雕塑，在雕塑过程中，有几种工艺过程，这种工序旧称捏活、抹活或光活，总名成型；经几天风干，硬度不致走型时，然后入窑；素胎烧成后，即进行挂釉，习称挂色，南方称上色。一般砖瓦挂色用浇釉办法，花活按各色部位用棕刷涂釉；最后一道工序是把挂釉后的陶胎再入窑烧。琉璃釉因含有金属铅，熔点较低，在八百度已完全熔融。但烧色窑，不能用易冒烟的燃料，以避免污染釉料色泽。一般选用荆蒿的粗杆，名为棒柴，烧时烟少。在烧窑时，初入窑火度要求低，中期火度高，后期火度居中。窑膛中的温度上中下部位不同，因此挂色时涂釉用料的比例也有一点区别。

在这里值得一提的是北京琉璃窑厂。它是从明代永乐年间（公元一四〇六年）传下来的老厂，原在今宣武区和平门外琉璃厂地方，清代迁至西郊门头沟，至今已有六百年的历史，在明以前的元代，我国琉璃工艺以山西省较为发达，大约在明末以后各地琉璃工艺渐衰落，独京师北京为皇宫服务的窑厂，制作兴盛。清末经北洋军阀政府至国民党反动派统治时期，北京老厂濒临停产，窑址几至不存。在全国解放后，党和政府将这个厂赎买归公，恢复生产。现在北京琉璃厂正在推陈出新，创造出多种工艺品，在我国几千年来琉璃史上放出异彩。

中国建筑木结构与夯土地基结构

原始人类在若干万年前，只能选择天然洞穴栖身，或者巢居。在认识自然改造自然过程中经过长期斗争的实践不断前进。据人类历史学告诉我们，人类经过猿人、古人，发展到新人，生活领域扩大了，智慧提高了，实践再实践，经历若干年历程，从天然洞穴，迁居到人工洞穴，从穴居到半穴居，从渔猎生活到定居农业生活，生产工具由旧石器到能加工的新石器，还有用木棒兽骨来制造的。更由简单的工具发展到复合工具，在人工穴居中发展到地上盖房子，远已到几千年的事了。

几千年前人类创造出结构简单的房子，使长期穴居的人便已有崇高之感。因而在我国最早见的文字如殷墟甲骨的高字是这样：“高”，表示崇高的建筑形象。中国古文字书《说文解字》对高字的解释为“崇也，象台高之形”。又高字解为“小堂也”。又亲即亭，解为“民所定也，亭有楼从高”，这应是由原始房子象形而来。从古文字形象得知所组成的字，即古代建筑之造型。一九六六年江苏邳县出土原始社会陶楼，是具有坡度屋面之模型。浙江余姚河姆渡，发掘出带有榫卯的原始社会木构件，是从开始用藤条帮扎，发展到榫卯相接，并可推知是由几间房子组合成群建筑了。近年在成都第十二桥发掘出商代早期建筑遗址，残存大批木构件，形式为宫殿群，有榫卯，有圆形柱洞和方形洞。木结构的工艺水平已很高了。在房屋屋面和门窗，也都是在几千年前都已成形，如陕西周原出土的青铜守门鼎正面有两扇大门，左右有方形窗。春秋时代燕乐采桑射猎图案青铜器，在故宫铜器馆里所展示出的拓片，在建筑右侧上角斜出一角脊，上面还架一鸟，这都是反映早期建筑形象。在考古工作者，还发掘出过商代加固木材交接处的铜构件，到了汉代制作的陶楼，给人的印象是从原始穴居上盖房子，从低层发展到多层，屋顶的坡度也是从原始社会在地上立木柱，再从上往下顺放长木，如后世竹伞所组成的撑条式样。现在陕西岐山一带民居，尚有这种顺放之木构式，名曰顺水，在顺水上横向铺苫短木或茅草之类，然后在其上再以土泥苫之，顺水之意，从屋面功能向下流水而言，现在少数民族地区仍保存的穿斗式结构，其屋面仍是长坡度顺水。后世结构发展复杂，构成举折、举架，屋面坡度构成两坡或四坡等。兹以封建社会构成屋架简单实制而言，构成屋架首先是在所定屋的纵深两方，立木柱，立若干排，在两柱之上架梁，在梁上中部定出距离空间，在空间的相距两点处，再立小柱，而后在小柱上架一短梁，在短梁上如下层，梁上一样，再立小柱，再架短梁，逐层上叠，愈往上梁愈短，构成数架的梯形坡度，分向梯形坡度上横向架木名为檩木。在檩下支托木枋，各为檩垫枋。然后在檩上顺铺短木，名为椽。在椽上再顺铺木板，其长度为上下檩之长，名为望板。有的为了节约木材，其长度仅为一至数个椽的空档横铺望板即可。在其上再苫以泥背或灰背，而后划出排列陇数线，先铺以板瓦，在两行板瓦交接处，扣以筒瓦，屋面造型，形成两行凸出，筒瓦之间现出板瓦凹入的沟道，有凸有凹的柔和线条，望之如田地麦陇。雨季水由两陇凹下沟道下流，大雨如垂幕细瀑，小雨若银帘下垂。祖国屋面造型艺术，在世界上具有独特之风格。

中国木结构的框架技术，是我国独特的建筑文化，它对建筑的稳定性，是值得我们进行研究的课题。立柱向中心倾斜是原始社会穴居架木之法演变而来。中国木结构组合习惯，使用斜撑力量和榫卯结合，它的科学性不能等闲视之了。先以立柱言之，有侧脚升起之法，何谓侧脚？即建筑物的柱子不垂直于地面上，略向中心倾斜，平行的柱有梁衔接，横排柱子有枋相连，向中心略斜即各侧脚。每面中心柱子，向四角逐渐加高一些，名为升起。这两项措施，虽都非显著大观，但整体建筑即收到稳定的效果。若遇地震能加它的拉力。有的柱子使用管脚榫，嵌入石柱础内，有的柱子五分之一插入带洞的石础中，其下垫以石板，名叫套柱础，更加强了稳定性。再则是木结构使用斜撑，从唐宋以来使用的义手即属此类。它是将义手立在平梁之上，其上部撑在脊榑之下，这种结构法，能增加水平抵抗的效果。据日本人著作，使用斜撑是抗震能的最高能力、最高结构，在中国的木构牌坊、四柱三间、四柱五间都有斜撑柱（在北京只有大高玄殿牌楼无戗柱，其结构在夹杆石、柱入地深，其做法当另文论之），它的抗震效果很强，无论是斜撑或平行，若显示最高能力仍须有合理性的榫卯相辅而成。各个木构的结合若在榫卯上以直插榫为法，则它的拉力不强，对抗震有极大的弱点。在地震颠簸和左右晃动之下，最易将榫卯拔出，如柱如梁如檩等大型建筑檐下之斗拱，亦是榫卯相接的构造。梁与柱斗与拱都不是直接插入，而多是卡接之法，尤其是在梁柱额枋之结合，其工艺有多种榫的，造型有大其头而瘦其尾者，有首尾大而瘦其腰者，有宽其腹而两头尖窄者，其卯亦如其型，名词有馒头榫、马蹄榫、螳螂榫、银锭榫等，均是卡入卯口内不易一拔即出。这种工艺不仅能使木架延年不散，而具有耐拉性，对于抗震亦具有吸收地震能量之功能。我国同时在檐柱上托两间之枋，除用耐拉榫外，还用雀替将枋与立柱接连一起安装，两枋雀替是用整木制成，将立柱上端切出一立形口，雀替卡入立柱中，承托两枋增加拉力。到十七八世纪，清朝更多在具有科学性的榫卯之外，用铁活加固，将两枋联成一体，斗与拱相互结合之间榫卯，厢卡牢固，即遇地震亦能吸收震动能量，而不致松散。著名建筑史学者陈明达教授将宋代《营造法式》卷二十所列举的榫卯分为三类结构工艺：

一、铺作斗口，悬挑构件均为下口与悬挑成正交的构件均为上开口，这使悬挑构件因卯口而影响其强度。

二、四耳斗即十字开口的交互斗、栌斗、斗口内所留隔口仓耳及华拱拱身，都是保证各构件结合不致产生错动的方法。

三、梁额柱等卯口，保证拼接构件受外力不致拉开脱榫，因而直榫少，如有螳螂口银锭榫馒头榫。

这么分析更精确地介绍中国木结构榫卯的功能。

近代建筑学者，也有认为以榫卯联接木质梁柱和斗拱的组合，由于构件间在一定程度上，可产生部分松动，因而对整体结构强度产生不利影响，是一大缺点。但笔者认为对于一切事物的优点与缺点的估价，要在某一特定条件下考查其结果，再给以结论。这就是因为在不同条件下所认为的缺点，也会变为优点，以抗震功能考查梁柱榫卯的衔接，斗拱榫卯的组合，反而能使震动能量在传播过程中，发生较大的衰减，产生出一定的抗震效果。如在地震能量传播过程中，因木构件往往发生一定程度错节音响，在横波震动后，错节还能复原。单件木构件，是刚性，两个刚性构件用榫卯衔接手段结合一起，则有刚有柔，这种刚柔结合的木质构件结合原理，即使现在建筑抗震技术中将具有一定价值。近代日本建筑学者才提倡刚柔相济的理论，而我国则早已有之。

古建中的梯台形框架结构，对建筑稳定性及抗震中亦发挥很大作用，如柱与地面完全垂直，则整个框架是一个易变的长方体，若柱不与地面完全垂直、略向中心倾斜，则整个框架是梯台形，这样处理的结构，从几何学上看则是不变图形。这样，地震横波到来时，框架不易变形，呈现抗震效果。向中心倾斜之柱，在柱脚下还有管脚榫插入石柱础卯中。

综观上述，从地基处理到梯台式框架以及斗拱结构等的综合效果，是具有科学道理的。我国古代建筑艺术表现形式，常常是同工艺结构统一的，以斗拱的铺作（清代称出跳）既起着挑檐深远作用，还有利室内吸收阳光照射，再如大式建筑包括宫殿寺庙的朱红大门，所排列的整齐成行的门钉，给人一种庄重严肃的感觉，加强帝王、佛祖的尊严高上的气氛，而又显示出建筑上的艺术形象，其实质上门钉在建筑构件上的功能，它是增强与门扇后背的楅木结合一体的作用。再如屋面铺瓦的工艺，利用梁架举架的构成屋面成为坡度，在坡度划出若干垄，如麦田分垄一样，雨水由两垄当中之沟流下，大雨如小瀑布，小雨如水帘下垂。还有屋面横脊两端龙吻兽垂脊的龙凤等异兽，均系构件中的瓦而加以造型艺术。本文不能多为介绍只举一斑以为中国建筑艺术与结构统一之特征。

我们回顾中国建筑历史，其目的非为复古，而是论述古人的辛勤智慧，创造出具有中华民族独特风格的建筑以为今天广大建筑师借鉴，为创造新型的具有科学和艺术性的民族风格的设计。

我国古代成群的建筑，首先规划地形，成群建筑在空间组合上，在古代是画图于堵，然后定中地形规划，定中是安排多座多类型之纲领（一九六三年在《中国建筑学报》曾写过一篇宫廷巧匠样式雷一文，曾提出定中之事）。定中之后，再作建筑组合布局、规划，后世匠师虽不画图于堵，在巨匠手指口述，其助手当场写之于纸，即近世所称之平面图，再后则详绘具有立断面之图纸，或画在绢上，注明尺寸，据之以制作烫样（模型），包括内檐装修和床榻家具陈设，一望即了然每座建筑之体现使用功能。这种设计制图、制模型工作程序，从资料实样，六百年中相传不绝。数百年间从事此项业务的号称样式雷的世家，其遗物现在仍能探索。至于用料之多寡，古代建筑有油漆彩画、糊、瓦、木、扎、石、土等工种，制砖伐木采烧砖瓦，均各有专司。经费之估算，则有算房任之，完工之后，报销结算一般与原估算均相吻合，其尾数详至钱厘小数。检查数百年前的历史档案，工程报销册清晰可见。先民之智慧精矣，从宋代营造法式到清代工程做法两部专著中，可以考见其所含之科学理论。

施工之程序以整治地基为主，刨槽夯土之功为先行。以北京故宫为例，在七十二公顷地区而言，其地基是满堂红的基础，即遍地均经夯筑，如原地部分土质不佳则进行换土再夯筑。此法数千年传统不衰，如三千多年前的殷墟建筑遗址，其夯筑手法至明清两代王朝仍传其术，如殷墟地基分层夯筑法在清代继承其工艺反映在官式建筑中，民间建筑亦用其法。分层夯筑是采用榫卯衔接法，即下层夯土面上夯出有凹入小洞窝多处（殷墟建筑遗存还有夯窝图），在其上再铺一层土进行夯筑，则上层对下层洞窝便突入土柱，其中每夯实一层即用一种特制工具筑成夯窝，逐层如此，不论数十层或百层，层层如此，则均具有衔接榫卯的结合。这种工艺可保证高墙或河岸免去整体坍塌之现象，在遇地震时地下水上升，全部夯层亦不致全部一时液化，这种技术一直传到封建社会末期的清王朝。殷商时代的工具已不可得见，在清代犹能上溯其遗制，所以，夯土技术渊源久远。

原始氏族社会在盖房子时所创造的夯工技术，几千年来在建筑工程上，都在继承着。上面所介绍的各类建筑，其地基均施之夯筑技术，时代愈近夯土工程量愈大，因为高大的宫殿建筑出现了。可以这样说，没有原始时代夯打基础的创造，后世所证明的宏伟建筑，是不可能出现的。现在我国还有依然矗立千年以上的古代建筑，它之所以屹立不倒，除去在材料上和地梁架结构功能之外，夯打的分层地基也起了重要作用。从半坡传下来的夯技术，在后来大有发展，到了距今三千五百多年商早期中期，在四川成都十二桥所发掘出来的宫殿群遗址，在地夯土已有了打夯柱的工艺。三千多年的殷商时代，在今河南殷都小屯一带，发掘出殷商宫殿大片的夯筑台基，在夯筑技术上发展了台基夯土分层，每层约十厘米累计十层，夯实工程，相当艰巨。由夯打柱洞而发展到夯打台基，这就能够在上面建筑大型房子了。同时在夯打柱基时，在立柱之下，还筑有方圆不同的夯土墩，这又是一个发展。在封建社会晚期，管它叫磉墩。小屯建筑在土墩上放河卵石，这仰韶文化传下来的石柱础，也有放置特置的锅形和瓶盖形的铜柱础，或在柱础上垫铜片，这是后世称它为櫍的东西。商代是青铜器时代，到了殷商时期更可以想见当时冶炼技术和它的生产能力，这是在发展史上的新贡献。一九七四年，中国科学院考古所在河南偃师二里头发掘一座大夯土台基，东西一百零八米、南北一百米，其边缘部分呈缓坡状斜面，上有质地坚硬的料姜土面。因此可以推知，这就是后世房屋周围用砖砌铺散水部位。一九六五年发掘两千多年前战国时代的建筑物，发掘地点是在河北省易县燕下都故城。报告介绍，原来宫殿群的旧址，是由一个大型主体建筑基址和若干有组合关系的夯土组成的。这种遗存是多座房子建筑在一大片夯土方上，有的地方在墙基下放有石条，又可以推论后世建筑墙下的地袱石即由此发展而来。（《考古学报》一九五六年一期）一九五〇年发掘西安西郊汉代建筑遗址，从遗址观察中心建筑在一个夯土台上，土台上部直径六十二米，底径六十米，这是大型的夯土工程。而土台上部比下部喷出一米边缘，这和后世大建筑的须弥座下部收缩的造型极相似。

一九五九年发掘唐代长安宫殿群，其中有麟德殿、含元殿，建筑史学者根据其遗址科学的作了复原图，都是高层重檐建筑，若没有坚固的台基是建筑不起来的。越来越多的出土文物资料，都足以证明夯土技术的发展给予后世建筑发展以重要的影响。古代统治者生前享受、死后厚葬，他们的地下宫殿工程都是巨大的，近年以来所发掘出汉墓、唐墓已历数百层，夯土工程量之大至为惊人，有的还用砖发券，坚固异常。在夯土墙壁上再加以抹面处理，绘以壁画，成为画廊。在一九七一年发掘陕西唐懿德太子墓，墓道壁画中有一幅三重阙楼建在三座高台基上，这可能是唐代建筑的写生，根据对唐宫殿建筑群等唐代建筑遗址的发掘研究，可以推断这三重阙楼的高大台基，同样有着巨大的夯土工程，一九七〇年在湖南长沙马王堆发掘出汉朝轪侯家的墓，两千多年的尸体不腐，殉葬品大都完整。古代在防腐科学上的技术震惊世界，我国科学界已分别从各方面进行了科学研究。在墓穴的土方工程方面，据长沙马王堆一号汉墓发掘简报介绍：

墓口至墓底深十六米，墓坑中填有沙性的五花土并经夯打，夯层厚四十至五十厘米，夯窝直径八厘米，木椁四周及上部填塞木炭三十至四十厘米，共约一万多斤。木炭外面又用白膏泥封固，厚度六十至一百三十厘米。

我认为，除了温湿度等条件以及白膏泥、木炭的防腐作用外，经过夯打的沙质五花土层，对于尸体和随葬品的保存，也起了一定的作用。

早期夯打基础有素土、粘性土或掺碎陶片等。到了殷商时代，柱根部分又有铜质的做法，在大片台基分层夯打办法多至十层，每层十厘米。这种做法一直传到封建社会末期，即所谓一步土一步碎砖，调换铺垫，或用三合土分层夯打（宋代叫布土），由十几层到三十层，每层合营造尺五寸，约合十五厘米。殷墟小屯建筑遗址，还留下了不少夯土窝，在两层之间揭开后，上层下面突出一个小土柱，下面一层上面凹进一个小洞，极似子母扣形状，也可以说榫卯式夯土层，这在夯筑技术是一种新的发展。一九七二年湖南长沙马王堆轪侯家墓，在发掘报告中也有夯窝的介绍，我认为即殷商小屯榫卯衔接式的夯层。中国古代工程技术专书，现在还未发见汉唐时代的。到了十世纪的北宋时期，宋代管工程的大臣李诫，总结古代传来的工程技术，写了在世界上也是较早的一部工程做法《营造法式》，其中有夯土一章，记载详明，原文如下：

每方一尺用土二担，隔用砖瓦及石扎等亦二担，每次布土五寸，先打六杵，二人相对；每窝子内各打三杵，次打四杵，二人相对；每窝子内各打二杵，次打两杵，二人相对；每窝子内各打一杵。以上各打平土头，然后碎石蹑令平，再攒杵扇扑，重细辗蹑，每步布土五寸，筑实厚三寸，每步碎砖瓦及石扎等厚三寸，筑实一寸半。

法式所称，每窝打几杵，次打几杵，系指头夯二夯而言：头夯二人打六杵即二人相对，每人各打三杵，二夯二人打四杵，二人相对每人打二杵。所称“蹑令平”，是由二人用脚来回踩踏，初步踩平；所称“攒杵扇扑”，是不分夯窝而是用自由的找平打，清代术语叫“高夯乱打”；所谓“重细辗蹑”，是再用脚加细踩平。这都是前代传下的。再传至清代，又总结了一部工程专业书，名为《工程做法》，附一部《做法则例》。在《工程做法》中载：

如墙垣等处地基夯筑，必须刨起现在之土，方可夯筑，是以谓之刨槽。应将所刨之长、宽、深各丈尺开明。若夯筑灰土，以每深七寸筑实五寸为一步；其或筑打大式夯、小式夯，大夯若无石灰即名素土，每深一尺筑实七寸为一步，屋内填厢以磉礅栏土之内填土，即各填厢，亦与夯筑灰土相同。

《工程则例》又载：

凡夯筑灰土，每步虚土七寸，筑实五寸。素土每一尺筑实七寸。

凡夯筑二十四把小夯灰土，先用大硪排底一遍，将灰土拌匀下槽。头夯冲开海窝宽三寸，每窝筑打二十四夯头、二夯筑银锭，亦筑二十四夯头。其余皆随充沟，每槽一丈，充剁大板、小梗五十七道取平，落水压渣子，起平夯一遍，高夯乱打一遍，取平旋夯一遍，满筑拐眼。落水窝夯三遍，旋夯三遍，为如此筑打拐眼三遍后，又起高硪二遍，至顶部平串硪一遍。

宋代所称蹑令平，清代称为“纳平”，是用芦席铺在上面，然后再辗蹑，这也是一个改进。宋《营造法式》未提用硪的工具，在工程上使用铁硪的确切时间尚待研究。清代的硪是用熟铁铸成一大铁饼，小的六十市斤，大的八十市斤，最大的一百二十八市斤。大硪上留洞眼八个，每洞眼穿绳二条，共十六条，由十六个人各执一条，同时提起，高低以平为度而后落下，高硪提高到头部，串硪离地约半尺。所夯筑银锭是两夯窝之间的空当距离，两夯窝打过后，相距的空当即成银锭形。大梗小梗是银锭打过后挤出的土梗。所谓乱打和旋夯都是自由式，将不平之处夯打找平。

关于殷墟建筑遗址中，有榫卯式夯窝层，这种技术一直传到封建社会后期。清代官式夯土有打拐眼的做法，应是由殷商继承演变而来。清代做法是凡夯土必落水（即洒水），尤其是打拐子时，是在已经夯实的质地坚硬的夯土上打，不落水则不易使拐子钻入，但落水以潮湿为度，不能沾夯成泥。拐眼工序是一种特殊夯筑法。从殷墟建筑遗存可以知道，几千年一直是在继承着，在夯筑工程上使用。在宋代《营造法式》书中没有记录，到了清代才出现术语叫“拐子”，又称“使簧”，意义和功能更明确介绍出来。它的作用，是使上下两步土层扣在一起，如同木结构榫卯之功能，是在遇水遇震不致一时垮倒。小屯面临洹河，这个河流每年都有泛滥波及小屯，分层夯筑可以保证夯土基不致一下子冲坏，若在地震中地下水上升也同样起到这种作用，它和木结构榫卯刚柔相济相等，所以后世拐子工程在河堤、泊岸、城墙、陵墓大型基础都必须采用此措施。殷商时代这种工序的工具没有留存下来，但小屯遗址夯土分层上下衔接的实物状况，和后世用拐子留下的夯层一样。清代末年老瓦工康福成曾参与修建叶赫那拉氏慈禧和光绪帝载湉的陵墓工程，据其口述所使用的拐子呈“T”形，横木、立木均圆形，立木下端是方形，其下是桃形的东西，是用铁制成，上端有方形眼，将立木方形头卡入牢固，成为一个木柄铁钻头，钻入夯层用力右拐转动，拔出拐子后，土层即成夯眼，钻下的土柱即深入下层。现在陕西西安民间在夯土工程中，还能见到类似拐子的工具，一九五九年曾在一个工地见到。

马克思、恩格斯曾经提出：“劳动是从制造工具开始的。”现在从原始氏族社会所发掘出的生产工具，大体是石斧、石钵、石凿、石铲、石刀、石磨盘、石砧、石矛头，还有木制工具木杵、木铲之类，此外还有用兽骨制造的。各种工具都有多型，大小厚薄不一。新石器时代出现了复合式工具，而用木棒绑上石器。到殷商奴隶社会，人们的劳动工具在石器之外又有木制工具和金属工具，商代末迁殷以前已经有了青铜器。商代前期的青铜器，制作比殷商早几百年，在郑州已有出土。一九七三年在河北省藁城县台城商代遗址中曾发掘出一件完整的铁刃铜钺，也可以叫它为铁锹，一说是陨铁，经冶金部门化验结果，曾认为是熟铁，但又不同现在生产方式的熟铁（《文物》一九七三年五期）。若是陨铁的话，在锤打时也必须加热才行，这个问题还有待于进一步化验研究，对此我们建筑工作者，在这个领域里无发言权。但有一点可以肯定，自从有了金属工具，我国建筑结构、造型都飞跃发展，如梁架、举折、榫卯交接，建筑发展到重叠梁架高层的木结构，都与金属工具的运用密切相连。即以地基而论，估计殷墟小屯土层，所谓子母式的夯窝，是需要利器才行，木制工具、石制工具是人工制成的，也需要金属刮削器制作，所以在殷商时期的铁，是陨铁或是熟铁，即已能制造钺的工具，就一定要应用在生产上。

我国夯土技术，几千年来不断发展，同时还因地制宜就地取材，出现和使用多种建筑材料。在祖国广阔的疆土上，北从黑龙江，南至广西、广东、福建、海南岛，广大农村和城市都利用夯筑技术盖房子。建筑夯筑，是我国具有特征的传统技术，无论盖什么样的房子，首先要刨槽做地基，高级一点的用三合土夯筑，普通的用素土。以首都北京为例，大型建筑包括宫殿、庙宇和衙署、府第，房基都是用三合土或一步灰土、一步碎砖，这是八世纪宋代以来官式做法。早期夯土层有十余层者，明代北京故宫建筑地基有多至三十层者（故宫北上门拆时即是）。北京地区的三合土是以灰土为主，比例为三比七，每层夯后使用水活，再夯之后再续土打下层。一般房子则用纯素土夯筑，或就地取材酌加骨料，如碎砖之类（厨房必须用纯黄土加灰）。

板筑墙壁，也属于夯筑范围，它是加板框筑高墙，一般是备木板四块，高一尺二寸，长八尺至丈余，夯筑时先筑墙的两堵头作标准，堵头是梯形的撑子，墙的厚度收分，是依照堵头模式逐板往上夯筑，两旁用槁杆夹住木板，称为夹杆，使板不走动。在两板之内填入潮湿土随即夯打，第一板打完接打第二板，在第二板打完后再上第三板，第一板所筑之土已稳定，即撤下第一块板，叠在三板之上作为第四板，以此交替使用。一般墙打至六七板为度。有的打完第一板，在夯土上挖凹形沟，再续填第二板的土，打完第二板时，两板的夯土，可达到用簧锁的效果，或在两堵头接夯处刨立槽作为两夯土墙衔接的措施。打到最上层，用土坯铺上作为墙帽子。在屋面上铺黍秸、稻草和泥，每年雨季前进行屋面墙帽保养，这就是《诗经》里所谓未雨绸缪的意思。这种夯筑墙稻草屋面，一般可使用百年以上。

中国建筑科学研究院历史室，在六十年代曾请各省科技部门提供了一些夯土技术资料，如东北地区吉林省在夯筑房基时，它的工序最注重下层，要夯打七遍，再往上续土打二层，有的还加一层小石块，灌以灰浆，然后逐层夯筑灰土。这个地区夯打工具沉重，有超过十五公斤者。哈尔滨为我国寒冷省份，广大农村住房，大都夯筑土坯砌造，土坯的泥掺入杂谷壳等。另外还有一种墙叫拉哈墙，是用黄土稠泥裹入草辫子，长八十厘米，作为筋骨料，两人操作逐层夯成。所谓“拉哈”是我国东北少数民族——满族语言，译成汉语是挂泥墙。在我国南方浙江一带民居板筑墙有多种都是利用当地材料板筑而成，大体有大型砌块墙、普通土墙和砂墙等几种。

土墙在挖出刨槽土，加水捣拌，愈细愈好，达到粉干、防雨和坚固耐久起很大作用，当地习惯叫它为“金包银”。夯土基时，是用木质的或金属的工具，将土打成坚密硬土，在它上面盖房子，使建筑物得到稳定安全。

浙江天台地区是在施工现场制作大型砌块，在夯土砌块挖出凹槽，在其上再夯打第二块，两块之间则现出榫卯式的接连一样，这和北京用拐子使簧有同一效果。为了加强其联结性，有的还用三根木棒连接两层土块。

闽西客家住宅地基做法根据当地的气候条件、土质条件，房屋基础在刨槽之后填以卵石，灌以灰浆，这是就地取材和防潮的需要。在夯筑槽板一半时放入两三块短竹片，一板打完还放入毛竹管数根，这种做法夯土墙具有耐久性，可坚强不坏一二百年。

广州市郊区一带板筑墙较多，用黄土、砂土、石灰再加掺稻草，亦有用蚝壳之类易于取得的当地材料为之筋骨，外墙皮为了防止雨水冲刷，用谷糠掺黄土打底，其外用粗砂拌石灰抹上作挡面。

在内蒙古自治区所见战国赵长城为汉代长城遗址，俱是分层夯筑，亦掺加草筋或石块，两千多年前的夯筑工艺，今日仍能得见。

以上仅略举数例，我国夯土之做法材料，显示出坚固的功能。在我国广阔的疆土上，各地区各民族几千年来在夯土技术上都是继承古代传下来的技术而加以发展。结合本地区的地理气候等条件，夯筑的材料方法，以适应本地区的需要。如福建泉州一带夯筑土块时，还加入红粘性掺料。综观全国各地，给我们留下了丰富多彩的资料，在全国解放后，各地区建筑师曾经借鉴传统技术，与现代技术和新材料相结合，设计出更适合广大劳动人民生活需要，并力求设计出多快好省的和具有传统风貌的新型房子。

中国屋瓦的发展过程试探

历来谈瓦的著作，以古代瓦当为主。瓦当的图案丰富多彩，是具有历史价值和艺术价值的文物。但瓦是建筑物屋顶的覆件，从建筑史学的角度来说，就不能只谈瓦当的艺术图案了。本文想就中国屋瓦的产生、发展以及其形制和构造方面，进行臆测性的探讨。

从建筑发展史知道，人类由巢居、穴居到地面上盖房子，是在和自然作斗争的过程中一步一步发展的，通过实践、再实践，由开始营建简单的茅棚、草屋发展到在屋面上用瓦。中国的发展演变情况，可以作如下粗略的推论。

距今大约六千多年前的西安半坡村原始社会遗址，其残存房屋堆积表明，屋顶表面是用泥覆盖的。这种涂泥残块中掺有植物茎叶，可能是野草或当时主要农作物粟秸。用掺有植物茎叶的泥涂抹屋面，我们可以称它为“泥背顶”，近代北方民居还有这类做法，但掺料大多为麦秸，因而称为“滑秸泥”。在距今五千年至四千年左右的黄河流域龙山文化遗址中，没有发见像半坡那样草泥残块，估计已改为茅草顶了。大概因为泥背顶太重，逐年维修，越抹越厚（半坡遗址屋面涂泥残块，有的局部厚达四十厘米左右）对于原始木构架来说是极大的负担，会使椽木折断甚至墙倒屋塌。茅草顶轻，比泥背屋面有优越性，所以逐步得到了推广。在古文献记载的古史传说中，相当于原始社会晚期的尧、舜时代，部落首领即所谓“先王”的宫室，都称是“茅茨不翦”的。在文献记载中，奴隶制初期的夏、商时代的宫殿，也还是“茅茨土阶”。古书《诗经》中有“迨天之未阴雨，彻彼桑土绸缪牖户”的话，就是说在未阴雨时，用桑根植物条子之类，捆绑一下茅草，免得被大风刮走或松散漏雨。即成语所说的“未雨绸缪”。茅草顶的缺点是容易腐朽及被风吹散落，特别是屋脊及屋面转折的天沟处，檐口部分因为积水更易腐烂或导致椽木朽烂，于是便创造了用碎陶片覆盖屋脊或垫衬排水天沟部位。

案经火烧过的泥土可以防水，这在制陶术发明之初，人们已经有了这样的知识。在《西安半坡》这部报告中已提到泥涂的屋面有烧烤的迹象，这或许是防雨加固的一种做法。大面积烧烤屋面，工艺上是有困难的，其陶化程度当然也是低的。不过这种做法，已显示出人们用陶质材料防水的匠思。

盖草顶的部局，除在未雨之前绸缪一下，估计有可能用碎陶片覆压某一部位。半坡时代既然已使用碎陶片垫在柱根，那么使用碎陶片压到草顶上，应是可能的。垫在柱下的碎陶片，经考古发掘，还可看到它的功能。可是覆压在屋面上的碎陶片，屋倒之后就无从辨认了。不过这一推论如能成立，应是屋瓦产生的前奏。屋瓦的产生就创作思路来说，正是人们企图代替破碎陶片，定制一批较为整齐的覆盖屋脊、天沟和檐口的防水构件，目前虽然在田野考古材料中还未证实茅草屋顶用碎陶片覆压的资料，而从“瓦”字来看是碎陶的象形。碎陶片除见于半坡垫柱根之外，在盘龙城遗址又提供了用碎陶片铺砌散水的实例；湖北纪南城春秋、战国宫殿遗址也发见过用屋瓦铺砌散水的实例；这说明在古代建筑上碎陶片的应用方面较广。近代民居还有用碎陶片（包括砖瓦之类）覆盖草顶局部的做法，也可以作为上溯古代推测的佐证。近年来在考古发掘中，已为草顶局部用瓦提供了实例，这就是陕西岐山县凤雏村甲组遗址所提供的材料。

大约在屋瓦发明之前，就有了“瓦”字，它是烧土器的总称。所以我认为“瓦”字应是碎陶的象形字。参照民俗学材料，原始社会妇女纺锤也是用瓦，大约即碎陶之类，所以《诗经》里有生女曰“弄瓦”之谓。至于我们现在所谈的屋瓦，则是最早专门烧制用于屋脊上的建筑构件，如古文字的“甍”，《说文解字》说是“屋栋也”，覆蒙在屋脊之上，此字从“草”从“瓦”，可以推测为屋脊上用瓦的。一九七五年岐山凤雏和扶风县召陈西周建筑遗址，都发掘出相当原始的瓦件，尤其是凤雏被断为西周早期的甲组遗址所出的残瓦，数量较少，推测为局部使用的。这种瓦采用古老盘条工艺，瓦件厚重粗放，仅有大约四分之一圆弧的弧度，无筒、板瓦之分。在瓦的凸面或凹面，附有连带的蘑菇形陶柱或陶环，显然是用以捆绑在茅茨或椽木之上。覆瓦的部位，估计是屋脊或排水的沟道。用植物条子捆绑是防止下滑，这说明人们用瓦已有一定经验，决不是初用。屋瓦之初当是模仿陶片，在使用过程中可能出现滑落的现象，后来加上柱、环之类，把瓦固定在屋面上，应是实践过程中的发展。由此推论，从使用陶片发展到专门烧制屋瓦，这段时间应比西周更早一些。凤雏出土的这种瓦只有一种弧度，无筒、板瓦之分，但从凹凸两面分别安设柱、环的构造形制判断，它是仰覆合用，一仰一覆，也就是后世所说仰瓦和覆瓦，或者说是底瓦和盖瓦。扶风召陈被断为西周中期的遗址出土大量残瓦，其中已有二分之一圆弧的筒瓦，并出现了半瓦当。专门烧制一种覆盖底瓦垄缝的筒瓦，是用瓦满铺全局的需要。也是在反复营造实践过程中，人们意识到仰瓦和覆瓦构造功能不同，于是在保持宽大而弧度较平缓的仰瓦（板瓦）的同时，另用一种较窄而弯曲较大的筒瓦覆盖垄缝。至于瓦当的发明，它不仅为了使檐头不露泥背而美观，而且具有构造上的作用，即挡住左右板瓦不使下滑，正是称为“瓦当（挡）”的道理。《说文解字》将“当”释为“田相值也”，即两垄田的尽处铺瓦为田之垄。所以至今建筑瓦工术语中，还有“瓦垄”之称。瓦当，即垄下端的挡头。整个屋面用泥背窑瓦，而且使用了带瓦当的筒瓦之后，则仅在据头筒瓦上设瓦钉即可防止屋瓦下滑。战国中山王陵享堂遗址出土的大瓦钉，形制与北魏遗物近似，应该就是用于檐头筒瓦上的。晚期虽然形制不同，但其构造原理还是一样，例如明、清北京故宫太和殿等高级建筑物，虽然不是在檐头筒瓦上安瓦钉，但已改为钉钉，并扣上铜镀金防水的钉帽。由于宫殿屋面坡度大，一般安装瓦钉三路。屋瓦不断发展改进，种类也就越来越多。随着带瓦当、瓦钉的檐头筒瓦的出现，檐头板瓦又有所改进，为了避免檐头排水回水，檐头板瓦逐有“滴水”或称“滴子”的发明。还没有看见汉代以前的瓦带滴子的，因之有著录汉代以前瓦当的书和图录，而无著录瓦滴的书。案东汉明器陶楼檐头所刻板瓦，有的略具下垂部分，似乎是滴子的形式。《考古》一九六三年第一期载汉魏邺城调查一文，谈到发见板瓦沿头部位转折成直角，靠近背面一边捏成波形。该调查记里还介绍大同北魏平城故址和渤海上京故址都发见过这种形式的板瓦。另外北响堂山第二窟北齐石刻窟檐上也有表现。《考古》一九七三年第六期发表《汉魏洛阳一号房址和出土的瓦文》一文，所记板瓦也有花头的，其中一种捏成花卉状，一种捏成锯齿状，这是明显的滴子。根据这些考古材料，可见板瓦出现滴子是在汉、魏时代。汉魏洛阳出土板瓦长度为四十九·五厘米，宽为三十三厘米，厚二·五厘米，重约十二公斤。制胎时，瓦坯的重量要大于烧成后的两倍。这样重的大型瓦件，胚胎松软容易走形，必须用大板承托才能送入窑膛。足见当时工匠技术熟练及工艺之健全。

中国封建社会屋顶，已形成独特风格的造型。它有长梁、短梁，上部再间施瓜柱（短柱），迭置搭以檩、椽，从而形成由檐部到脊部举折的折线。在折线的椽上再铺望板。望板上再苫灰背，形成一条完整平滑的曲线。灰背上铺板瓦，板瓦垄缝处覆盖筒瓦，形成沟排水的屋面形式，免除屋面汪深积水之患。由于屋架"举架"是逐层加高的，这样做成的屋面上部陡、中部顱、下部低坡略挑起。清代工匠术语称屋顶三部分为"上腰带"、"中腰带"、"下腰带"。它不但利于排水，而且造型美观。

屋瓦及各种装饰图案，唐、宋以后有了更大的发展。北宋《营造法式》中，仅屋瓦大小规格就有九等，清式则分为十样，实际亦为九样。若论类别，列为瓦件类的有百余种之多。屋面瓦的构件，从总的趋势来看，到晚期趋于小和薄。武汉建筑材料工业学院建陶测试报告，将春秋早期瓦至唐代绿瓦作了测试，计有春秋早期板瓦（编号二百七十二）、春秋半瓦当（编号二百五十七）、秦五角下水道（编号二百六十六）、汉代圆下水道（编号二百七十三）、唐代绿瓦（编号二百零七），清楚地看出从春秋—秦—唐，瓦的质量是越来越好，烧成温度高，气孔少，结构致密。到了唐代已有琉璃瓦，既美观，又耐用。明、清以来的陶瓦，一般是小土窑烧成，质量较差；大窑烧瓦均须晾土三年，经过过淋、踩泥等多种工序，制成的砖、瓦质量比唐、宋时代又高。时代愈晚质量愈高，这是合乎规律的。

（选自《建筑历史与理论》第二辑）

宫廷建筑巧匠——“样式雷”

一

在古籍《考工记》里记载着两千多年前的手工业，其中有匠人之职，这是属于营国修缮的工种，即所谓国有六职，百工居一的制度。在长期的封建社会中，历代王朝都把这种制度继承下来，一直沿袭到封建王朝末期明清时代。在今天还为人们所熟悉的清代建筑专业世家“样式雷”，就是由明至清数代相传的官工匠。

“样式雷”的祖先在明代即是营造工匠，五百多年来一直保持世业，与明清两代王朝相始终。据朱启钤氏的《样式雷家世考》：“样式雷”之始祖本江西人，在明初洪武年间即以工匠身份服役，明代末年，由江西迁居江苏金陵。到了清代初年传至雷发达及其堂兄雷发宣时，这时康熙朝正在重建太和殿，雷氏弟兄遂以工艺应募到北京，参加了这个巨大的工程。由于在施工中发挥出了优越的技术才能，因而得到了王朝的官职，并传下了非常形象的故事。在封建王朝时代，修建宫殿安装大梁和安装脊吻时，必须焚香行礼。一般是由工部尚书或内府大臣按照仪式举行。太和殿是皇宫中的金銮殿，据说当日的清代康熙皇帝郑重其事的亲自行礼，根据传统习惯上梁要选择吉时，梁木入榫和皇帝行礼在同一个时间，而这次太和殿的大梁由于榫卯不合，悬而不下，典礼无法举行。这种情况在专制皇帝面前是大不敬的事，管理工程的大官们急中生智，忙给雷发达穿上了官衣，带着工具攀上架木，在这个良工的手下，斧落榫合，上梁成功，典礼仪式如式完成，博得了专制皇帝的喜悦，当时“敕授”雷发达为工部营造所长班，一般人们都看成无上的荣幸，于是就编出了“上有鲁班，下有长班，紫微照命，金殿封官”的韵语。这个传说并不一定完全符合当时情况，但却刻画出了这个良匠的湛深技术，并道出了北京“样式雷”之由来。雷发达的长子雷金玉继承了父职，并投充内务府包衣旗[①]，供役圆明园楠木作样式房掌案，以内廷营造有功，封为内务府七品官，食七品俸一直传到清代末年。直到现在还有他的后世子孙留在北京。

从雷氏后裔所保存下来的图样，烫样以及有关档案，可以看出中国古代建筑师进行设计的过程是有一套完整手续的。对于现存的古代建筑实物，像北京故宫、颐和园、玉泉山、三海、承德离宫……辉煌壮丽的古建筑群。通过雷氏留下的资料，使我们比较清楚地知道这些建筑物是怎样设计修建的。二三百年来以雷氏为代表的优秀建筑师，他们智慧的

① 内务府包衣旗是清代专为宫廷服役的旗人，包衣意即“奴才”。

创造已成为我国民族文化遗产中的珍贵杰作。明清两代王朝中凡有兴建工程，选定地点后，先由算房丈量地面，由内廷提出建筑要求，也就是封建皇帝所要享受的要求。这个专制帝王身份的业主，当然是一无所知的，设计任务就落在样式房里，以掌案为首的"样式雷"便进行设计。一位在官木工厂服务过的老工人说：设计初步首先是定中线（轴线），这是中国建筑平面布局传统方法，过去的"万法不离中"的术语，就是在一大片方正或不规则的土地上先以罗盘针定方向，而确定出建筑群的中线位置，用野墩子为标志。野墩子钉在中线的终点处，这样便于以起点为纲，自近及远，旁顾左右而考虑全区规划。同现在设计一样，先绘制地盘样（平面图）。在现存雷氏图样里，这种轴线的安排看得很清楚。图样有几种类别：有粗图，即粗定格局的，有经过修改的细图，还有全样和部分大样图。在这几种图中，有经过初步设计又几度改变才确定下来的平面布局。第二步再设计绘制地盘尺寸样，估工估料。这是设计中的大工作，因为中国建筑群的布局是由个体建筑组成一个庭院，多座庭院组成一座大建筑群，在空间组合上注意建筑物高矮的比例，或左右对称，或左右均衡，或错综变化，定出各式各样的建筑尺寸，在布局上做到匀称协调，然后通过烫样（模型）表达出来。烫样是用类似现在的草板纸制作，均按比例安排，包括山石、树木、花坛、水池、船坞以及庭院陈设，无不具备。陵寝地下宫殿从明楼隧道开始，一直深入到地宫、石床、金井，做到完整无缺。

烫样的屋顶可以灵活取下，洞视内部，有的并注明安装床榻位置及室内装修。譬如在一个空旷的广厅里使用碧纱橱、花罩、栏杆、屏风、博古架等，即能将一座大厅间隔出各种生活起居需要的房间。利用这种构件，其效果不仅表现在使用的功能上，而在布局构图上也是非常艺术的组合。而且这种装修构件一般地都能随时拆卸安装，有灵活变化用行舍藏之妙。在宫廷庭园建筑里更有条件运用这个传统艺术。在雷氏资料中，除建筑布局平面图外，也还有一些装修雕刻纹样。完整的装修图样虽然少，但在现存的清代古建筑群中像故宫、三海、颐和园以及承德离宫，都有丰富的完整实物，最突出的是故宫乾隆花园里的装修，可以说是集古典装修艺术之大成。由于这座花园是清代乾隆皇帝准备告老时休养之所，所以尽情挥霍由劳动人民身上压榨而来的财富。在宫殿楼阁中用装修组合起来的各样居室，更是玲珑别致，碧纱橱、花罩上的装饰嵌件，十分豪华，将十八世纪各种手工艺技巧表现无遗。设计这座建筑时正是“样式雷”四世时代，当时雷家玮、雷家瑞、雷家玺弟兄都供役宫廷。但现存的雷氏资料中则缺这个时期的设计图样。过去，宫内情况不能外泄。有关资料在一定时期加以销毁，现在所存的图样、烫样大都是十九世纪清代同治年间准备重修圆明园的遗物，在这些晚期资料中也能看出了它的科学性和艺术性。再以烫样为例，它不仅是将建筑位置科学地加以安排，同时也还注意美观，适当地表现色彩感，像绿水灰墙，色调清新可喜。这样具有色彩立体式的模型，艺术地将中国建筑群以长卷绘画式的布局手法和起伏迭落，错综有致地安排表现出来：通过雷氏的图样和烫样，使我们知道在几百年前的建筑师就能做得这样出色，是一件了不起的事，我们祖国文化遗产真是丰富多彩。由此可以理解我们前辈给留下的几种重要建筑书籍，如八百年前的宋代《营造法式》和二百年前的清代《工程做法》，以及明清时期私人著述《园冶》、《扬州画舫录》等有关营造书籍，都是古代建筑师在科学实践上的经验总结。虽然它们都有时代的局限性，但这些宝贵的经验则还值得我们借鉴学习。

雷氏所掌握的虽为楠木作样式房，以工作性质论系属小木作，但现存雷氏所制的图样则包罗万象，举凡宫殿、苑囿、陵寝、衙署、庙宇、王府、城楼、营房、桥梁、堤工、装修、陈设、日晷、铜鼎、龟鹤、灯节鳌山灯、切末、烟火、雪狮，以及在庆典中临时支搭的楼阁等点景工程都包括在内，均为“样式雷”承办。并且，雷氏在乾隆时还随着清代帝王南巡，为各省办理沿途行宫点景。在《样式雷家世考》中关于雷发达四世孙雷家玺的事迹，有下面一段记载：

> 乾隆五十七年承办万寿山、玉泉山、香山园庭工程及热河避暑山庄……其长兄家玮则时赴外省查看行宫堤工，先后继续供事于乾、嘉两朝工役繁兴之世，又承办宫中年例灯彩及西厂烟火、乾隆八十万寿点景楼台工程，争妍斗靡盛绝一时。其家中藏有嘉庆年间万寿盛典一册，记承值同乐演戏、鳌山切末、灯彩、屉画雪狮等工程。

我们在故宫收藏的康熙、乾隆时代的万寿图和南巡图中可以见到那些豪华逼真的点景楼台，在现在看来也是绝妙的美术作品。

雷氏在清代二百多年中在建筑艺术、工艺美术上有着多种多样的贡献，所以他的名姓，写在我国的建筑史里。但历史也告诉我们，所有一切文化上的成就，不是一家一姓天才的创造，而是群众智慧的综合，也是历史传统经验的总结。从清代管理工程的机构可以说明这一点，清代内务府里有造办处这一机构，它是专为宫廷制造工艺品的工场。在明代皇宫里有御用监，在西苑里还有果园场，和清代的造办处一样，都是集中全国的良工巧匠为宫廷服务。清代的造办处在乾隆年间大约有四十个作坊，其中有画作、木作、如意馆、舆图房、画院处。这几个工种都是设计各种图样和制作工艺品的地方。清代自康熙、雍正、乾隆起，历朝皇帝多住在郊园，而以圆明园为主，所以在郊园中都设有各衙门办事机构。因乾、嘉两朝土木繁兴，圆明园还设有总理工程处、销算房、督催所、堂档房，这些机构名称记载在《内务府衙署集》和《圆明园则例》里，但并无“样式雷”供职的楠木作样式房。朱氏的《样式雷家世考》是根据雷家所存档案和家谱编写而成，称雷氏供职圆明园楠木作样式房，其言有据。而在宫书里则无此名，在《内务府衙署集》里有画匠房，职掌烫样子。考清代造办处设立在康熙朝[①]，圆明园总理工程处设立在乾隆朝[②]。雷金玉在康熙朝投充内务府包衣旗后，可能是供役在造办处木作，到乾隆时又在圆明园工程处服役。内廷一切制作图样，造办处有关各作都要在本作职务内进行设计，不仅由管理工程处以下各房管理。如造办处中有灯作，即设计制作各式宫灯，《样式雷家世考》中所记灯节鳌山灯、切末等都是灯作所职掌。另外宫中还有花炮作，即掌管灯节烟火制作和设计。从雷氏历代相传的技术来讲，“样式雷”主要之职掌还是属宫殿设计，其余设计应当是内务府造办处各作的合作，雷氏总其成，列入制样工作范围内。造办处各作的图样今天已无迹可寻，在雷氏图样中还能见到一两种，也是一件有价值的资料。

雷氏从清康熙朝雷发达应征到北京修建太和殿，以后其子孙即留在北京，传到光绪朝时，七世雷廷昌设计修建普祥峪“慈安太后”陵寝工程；普陀峪“慈禧太后”陵寝工程。雷氏一家在清朝二百多年中，从清初修建地上宫殿的太和殿开始，到清末修建陵寝的地下宫殿止，清代王朝结束了，雷氏世世代代供役宫廷的历史也结束了。在雷氏负责保管的数千件图样档案和百十盘的烫样，在一九三二年由雷氏后裔卖出，公开于世，因此我们有机会了解古代建筑设计的程序。通过这些资料和老工人的介绍，知道我们的古代建筑师们在长期的工作实践中，积累了丰富的经验，同时在工作当中还表现出各个有关工种的配合与协作，这是一个优良的传统。在雷氏的烫样中看得出是具备这种特点的。正如老工人说的那样：“一个大工程下来后，瓦、木、扎、石、土、油漆、彩画、糊，都要紧密配合在一起。”这种做法也是现在我们继续采用的。

现在我们正在创造社会主义的新建筑，无疑在结构、材料以及功能

① 造办处设立在清康熙十九年。见清《内务府则例》。

② 见清代内务府档案。

效果的要求都和过去不一样了。但对于过去的优良传统的精神和具有科学性、艺术性的工作方法，则需要取其精华去其糟粕，以继承和革新的态度进行学习。

二

上文介绍样式雷祖先在明代即是营造工匠。五百多年一直保持世业与明清两代王朝始终。并有“上有鲁班，下有长班，紫微照命，金殿封官”的韵语传说。这个传说刻画了这个良匠的湛深技术。他又如何体现的呢?

就是说，无论怎样不规则的地方，在建筑群的主体上都能成为规矩之形。周围余地则利用大房小墙开道，来弥补它畸形土地空间。在规划设计时则首先找中，然后绘制地盘图样、方案、平面图。在现存的样式雷的图样稿中，这种轴线安排看得清楚。雷氏图样有几种类别。有粗图即粗定格局；有经过修改的细图；有全样图；有部分与大样图。在这几种图样中表现为初步规划设计和经过几度修改，最后确定的设计方案。第二步再设计绘制地盘尺寸样并估工估料。

中国建筑群布局是由个体建筑组成一个庭院，多座庭院组成一个大建筑群。在空间组合上注意建筑物的高低比例和左右对称或左右均衡或错落变化，定出各式各样的建筑尺寸。在布局上做到匀称协调。然后通过烫样（模型）用硬质糙板纸表达出来图样和烫料。是最重要的依据。尤其烫样则是建筑比例缩小的模型。包括内檐装饰陈列家具，床铺、围帐等。庭院如山石榭树、花坛水池、瓶炉陈设、船坞盆景无不俱备。陵寝地下宫殿，从宝顶、明楼、隧道，从开始一直深入到地宫，石床，金井做到完整无缺。现清代宫殿山庄园林等都与样式雷所留图纸及部分烫样对照完全一样。

自从雷发达的子孙成为世袭官工以来，到了四世雷家瑞、雷家玺兄弟都供役在宫廷里。是雷氏最全盛时代。反映出雷发达的建筑上知识造诣，不仅是施工技术，还具备规划、设计、施工、绘图、模型，估工、估料，搭彩起重架，结构及美学多种科技的总建筑师。

从雷氏所存图样内容包罗万象，在过去皇家建筑范围有宫殿、苑囿、山庄、包括叠山水法和植树种花等，及陵寝、衙署、庙宇、王府、斗匾、鳌山灯、戏剧切末（道具）、烟火、雪狮以及庆典中临时支搭楼阁戏台点景工程。均为样式雷承办。现在著名的万寿山（颐和园、玉泉山、承德避暑山庄、盘山行宫、圆明园等离宫，雷家玺等均参加设计施工。在他家里所存档案，还有嘉庆年间万寿盛典，其中关于制作鳌山切末灯彩在故宫收藏。历史博物馆陈列的万寿图、南巡图沿途点景都为雷氏之杰作。至于圆明园烫样、颐和园烫样、皇城门烫样在故宫中还藏有若干盘、有清二百多年直至清末。

（选自《我在故宫七十年》）

中国建筑史扩大研究课题意见的商榷

中国建筑文化，是世界上独具风格的一门建筑科学。我国建筑学者，从全国解放前到全国解放后，组织专门机构进行研究，总计不过十余年，而且断断续续，规模小，人数少。早期从事此项研究工作者不过数人，现仍健在者亦皆笃老。全国解放以后亦不过数十人，才工作几年，又经解散。而各大学院校中的建筑史课程，所排课程时间极少，有的根本不列此门课程，因之对祖国建筑文化的研究，不能深入下去。大约从一九〇〇年开始，东、西洋建筑学者，对我国建筑文化的研究已加注意，而我们则落在外人之后。

一九二九年中国营造学社成立之后，对祖国建筑研究开辟了途径，取得了重要研究成果。若总结过去的研究情况，对于历史搜集和实物调查致力较多，在理论包括政治经济方面的探讨较少，至于对建筑上的科学内容和工艺钻研，则如凤毛麟角。若期发扬祖国建筑的科学内容，创造新的具有民族形式的建筑文化，在科学资料上，尚感不足。因之多年来，我国建筑设计思想，一方面单纯模仿西洋，在另一方面，也出现了复古主义倾向，这应是对于祖国建筑科学研究理论不深所致。过去我们对祖国建筑研究，多重在历史素材而缺少理论理解，有布局和造型艺术的现象记录，而工艺之学不讲，工具之学不讲。我们知道原始人类在若干万年前，只能选择天然洞穴栖身，在认识自然和改造自然的过程中，智慧不断提高，实践再实践，又经历了相当长的阶段，才由天然洞穴迁居到平原人工穴室。从渔猎生活到定居农业生活，在劳动中创造了工具。由石器、木棒、兽骨、兽角等，进一步制造复合工具，如在木棒上绑上石器或兽骨之类，后来的木柄铜工具、铁工具，都是逐渐发展产生的。所以说劳动是从制造工具开始。因此，我们对于古代建筑工具，也不能不研究，否则我们无法理解祖国的建筑形成与发展。

多年以来，学习西洋建筑科学者，极有成就，但结合祖国建筑科学研究，似未顾及。对古为今用、洋为中用的要求，则未取得满意的成果。当今党中央号召开展科研工作，在各个科学部门，都在向现代化进军，科研工作的进展潮流，汹涌澎湃。同时对总结祖国过去在科学上的发展历史，也是研究课题之一。但总结过去，是为了创造将来，决不是回忆过去而骄傲今天。即以我国四大发明而言，指南针、造纸、印刷、火药，是我国首先发明，而在今天则远远落后于国际，举出历史不是用以自慰为目的，重要是鞭策我们的科学要不断前进，我们应当比古人更聪明些。中国建筑历史，已有六七千年的渊源所系，现在从田野考古发掘工作中，所发现五六千年的古代建筑遗址，是我国重要文化财富，亦为全世界所重视。此外，在全国各地还矗立的千年以上或数百年的古建筑，更不胜举。遗憾的是这些文化财富，没有得到应有的重现，有的在过去所调查所记录者，已被破坏或拆毁，不能再见了。现在我们成立了建筑历史学术委员会，在这个问题上，要予以充分的注意，积极向全国人民作宣传，向国家有关机关尤其对基建单位提出保护和研究古建筑文化的建议。

我国幅员广大，又是多民族的国家，在各地都留下了不少各民族风格的和地方手法的遗物，即使是二三百年的建筑，也应作为文化遗产看待，今后我们在研究方面，在积累素材的同时，要作理论上的探讨，与现代建筑科学家以及具有古建筑丰富经验老师傅进行合作，将祖国建筑科学内容阐发出来，还要注意古代的工艺技术。我们知道，无理论则无所发明，无工艺则无所创造。中国古代建筑学，不如现代分工细，图纸一出，各执其事。而我国古代建筑学，是一个综合性的科学，一个匠作之官，能够指挥一切，知道一切。如《周礼·考工记》、《梓人传》、《营造法式》，以及清代工程做法，世传的鲁班经，瓦木工行会之手册皆是。明代、清代以来，世袭匠作之官的“样式雷”，亦以家传之手册为法则。我们今天研究祖国建筑历史与理论，不将工艺技术包括在内，则理论似趋于空，历史亦缺少其发展过程，这样，也就不能反映祖国建筑科学的整体性。近年以来已注意及此，今后还要坚持下去。可以这样说，历史与理论是重要的，工艺技术也是重要的。今后在我们建筑史研究领域里，对现存的古建筑，在作历史记录之外，还要发掘古代建筑文化艺术及其科学内容，通过理论探讨，求得正确的认识，以为发展建筑文化的借鉴。多年来研究建筑史，不将工艺技术纳入研究范畴，着重在建筑艺术及其历史年代，只能说是侧重的方面，而不是它的全面。即以近代建筑学的内容而言，它包括建筑功能、建筑艺术和物质技术综合利用，三者的关系通过设计、施工、结构、材料以及设备等，构成适应生活或生产的建筑物。我国古代历史建筑，就是将这种合集于一科，中国古《诗经》中所写的“经之营之，不日成之”。是包括今天建筑学全部含义的。当然在达到功能之外，还有一个美的感受问题，这就是属于建筑艺术了。我国古代建筑，在艺术上，无论是统治阶级的，或平民老百姓的，都在适应功能上力求其美观。以统治阶级的宫殿而言，单体建筑造型艺术和建筑群的组合艺术，都有它的艺术手法。以北京明、清故宫为例，单座建筑的造型，从屋顶到基础台基，可以使人独立欣赏。从整个皇宫建筑群的组合，就更显示它在空间组合上的独特艺术，只以紫禁城区举例，长达一公里的建筑群的组合，在空间处理上，在建筑物高低起伏上，在屋顶丰富多彩的式样上，若切成一幅大断面看，像是一卷千里江山的画卷，若以音乐艺术比拟，则又有旋律优美之感。

在皇宫建筑群之外，民间建筑亦有特征，如水乡的因地制宜，不方正的多屋建筑的组合，也有它的美感。还有东北、西北、西南各地区，在地理气候的条件下的住房，在满足生活功能外，都能表现丰富多彩的艺术造型。过去王朝政府官修的营造书籍，以《营造法式》为例，有关大木结构，地基处理，多为总结北方山、陕、豫、甘等地区民间建筑艺术和技术，至于名闻世界、号称世界园林之母的中国园林，都是祖国的建筑文化的结晶。祖国建筑在室内空间处理上，更是具有独特风格的建筑艺术，如内檐装修，有碧纱橱、栏杆罩、圆光罩、落地罩、鸡腿罩、床罩等。用这些装修，区分环境，变化空间，在多种装修间隔，出现楼中有楼，阁内有阁，使人如入迷境，探径寻幽，若尽撤其装修隔断，则旷然一大厅，这种装修工艺，又是中国建筑的特征。因此我们研究祖国建筑不能局限一座建筑群的组合，或单体建筑的造型，或几座孤塔而已。今后研究内容，要扩大领域，力求其全。至于在科技方面，有更多的与现在世界先进国家所提出的科技方面的理论，在很多方面有不谋而合的地方。

探讨这方面的学术，可以举出祖国建筑在抗震功能上的科学内容，与日本建筑学者所提出的结构功能的理论，基本一致，可以证明我国古代建筑家是有科学头脑的。以建筑地基在土质选择和处理方法，以及木结构榫卯问题为例：我国古代建筑，在地基工程上，首先注意土质，即先勘查它的土质是粘土还是砂土。从土质来讲，粘土地基胜于砂土地基。近年日本人曾写过有关砂土与粘土在抗震功能上理论文章，认为砂土地基强度是由砂土颗粒之间相互作用的摩擦力所构成，它的大小又与法向应力成正比。粒径为零点零五至二毫米之间的砂粒，一旦受到地震的震动，砂土颗粒间相互作用的摩擦力就显著降低，即动态强度远小于静态强度，若遇地下水上升，还易液化。粘土颗粒大小为零点零零五毫米，与砂土颗粒相比，它的强度主要依靠颗粒间相互之间的引力所形成蜂窝样，且具有压缩性的结构，比起砂土地基受振动影响小。由于日本是多震的国家，所以他们注意这方面研究。回忆我国在数千年前建筑工程实践中，对于地基土质的选择，就有合乎这种科学理论的认识，一般构造房屋，先行刨槽，如土质不佳，有换土之例，同时对地基土还要加以处理，其措施就是夯筑。无论官修宫殿或民间住房，都实行这种措施。日本在抗震措施理论书中，也还提到夯筑的功能，而我国夯筑技术，在现存的古建遗存中发见，有它特殊的夯筑工艺。以三千多年前殷商小屯为例，它的夯土处理是分层夯打，每层上下衔接是采榫卯式，即下层夯土面上，有凹入的小洞窝，上层夯土下面，有凸出的小柱，深入下层夯土小洞中。其办法是每夯实一层，即用一种特殊工具，筑成洞窝，然后铺上土，再夯打上层，这样，上面土层受夯打的压力，在对下层洞窝处即伸入一土柱，形成上下衔接，层层如此，就是我国三千多年前的榫卯式的夯土层。这样处理的结果，可以减少地基液化。即使遇到地下水上升，坚硬的榫卯夯土层，具有防止地基液化的抵抗力，即使有所液化，不能导致数十层地基全部液化。这种技术在后代多应用河泊堤岸，大型建筑基础也使用。在一千年前的宋代，有一部营造专书，名叫《营造法式》，对于建筑地基夯打处理，有如下记载："每方一尺用土二担，隔层用碎砖瓦及石碴等亦二担，每次布土五寸，先打六杵（二人相对每窝子内各打三杵）次打四杵（二人相对每窝子内各打二杵）次打两杵（二人相对每窝子内各打一杵）。以上并各平土头，然后碎辗蹑令平，再攒扇扑，重细辗蹑。每布厚土五寸，筑实厚三寸。每布碎砖瓦及石碴等厚三寸，筑实厚一寸五分。凡开基址须相视地脉虚实，其深不过一丈，浅止于五尺或四尺，并用碎砖瓦石碴等。每土三分内添砖瓦等一分"。《营造法式》所称"相视地脉虚实，即勘查土质后，再用夯筑加工处理。所称每窝子内打几杵，次打几杵，系和后世夯工头夯二夯相同，即四人分为两组，先夯筑的称为头夯，后夯筑的人称为二夯。头夯二人打六杵，即二人相对，每人各打三杵；二夯二人打四杵，即二人相对，每人各打二杵。所谓辗令平，即往返压平。所谓攒扇扑，是用多数杵找平。一般夯土多掺入粘结材料，在宋代以前已有石灰，在《营造法式》中，在"泥作"里，写了几种使用石灰的做法，如"赤土和石灰名为红石灰，黄土和石灰名黄石灰，软石炭（即煤层上的青灰）和石灰名为青石灰。另有掺白蔑土、麦麸者为破灰"。在泥作中似是指的抹墙面，而在地基使用碎石碴碎砖瓦辗碎后，虽未说明有无用石灰粘结，但到了元代地基层，均使用石灰粘结夯筑。即如三千多年前西周早期宫殿遗址，在夯筑残土块中，即有类似后世石灰的粘结材料（陕西扶风周原遗址）。则宋代亦应有将土与瓦碴板结一起的粘结材料。此点有待进一步勘查化验。宋、元以后普遍使用掺有石灰的三合土地基，清代工程做法记载的最清楚，如"凡筑灰土，每步虚土七寸，筑实五寸，虚土每一尺筑实七寸；凡夯筑二十四把小夯灰土，先用大夯排底一遍，将灰土拌匀下槽。头夯冲开海窝，宽三寸，四夯头。其余皆随充沟。每槽宽一丈，充剁大梗、小梗五十七道取平，落水压渣子。起平夯一遍，高夯乱打一遍，取平旋夯一遍，满筑拐眼。落水起高夯三遍，旋夯三遍。如此筑打拐眼三遍后，又起高硪一遍，至顶部平串硪一遍”。明、清两代的夯筑工序多至三十次（北京故宫北上门，即累筑三十层）。这种地基做法，并不完全只施之于单座建筑之下，而是包括成群建筑空间院落。以北京故宫为例，经过多次地震，主要殿座从未倒塌一间，地基处理起了很大作用。

宋代称铺土一次为“布”，清代称为一“步”。宋代的杵即清代的夯，宋杵原物未见。明、清时代的夯，是用整块榆木掏空，制成手持的四柱。宋代称辗蹑令平，清代称为纳平。夯土层不仅要求坚实，最上层表面还要求光滑平整。宋《营造法式》未提用硪的工具，清代开始夯筑时是先用硪排底，最后用硪拍平。硪是用熟铁制成一大圆铁饼，大硪重一百二十八市斤，硪的边缘处，有洞眼八个，每洞穿绳二条，共十六条，由十六人各执一条，同时提起，高低以平为度，而后落下。高硪提高到头部，串硪离地约半尺。硪夫身长相等，用唱夯歌为指挥号令。所谓夯筑银锭，是两夯打过后距离的空档即成“⌶”形，是封建社会用白银铸成的金属货币形状，所称大梗、小梗，是银锭形打过后，挤出的土梗，所谓乱打和旋夯，不是按一步一步夯筑，都是将不平之处找平，所谓使拐子与我们所称的商、周时代榫卯式夯层同一意义，即分层夯打，每两层上下用榫卯相接，又名使簧，工具如下图 T，横、立木下，贯一桃形铁，夯一层后，两手持横木，尽力在夯土上钻转，成一小洞，夯上层土时，则上层土注入洞中，上层的土柱为榫，下层的小洞，即起卯的作用。这种工具大约即渊源于商、周时代。比起商周工具更进步，夯洞更规矩整齐。这样加强夯土层的密度，使之不易透水，同时还能减弱粘土的易于膨胀而崩解的不利因素，而达到固结的程度。至于加入石灰，就是为了使土壤胶结凝紧，增进颗粒结构的固结。

古建中所采用的榫卯式的多层地基，是符合现代科学技术原理的，由于分层结构，使整个地基的结构具各向异性（各向异性是指从断面上看，各个方向上的结构，不相同不是均一的）水平方向呈多层状，这样就大大的增强了垂直方向的抗剪能力，更由于层间的榫卯结构的存在使层与层之间连为一体。这样多层榫卯式结构地基，能更好的防止局部受力不均，以及地震横波所产生的地基局部滑动，所导致对建筑物整体结构所产生的破坏作用。

在日本人的著作中，也还提到地基使用木桩的办法，认为使用这种措施的建筑实例，受到地震破坏比不使用木桩是轻微的，而这种办法在中国也是早已用过。在我国地基木桩有竖桩，有横桩。现在古建筑遗址下经常发现。

抗震除地基处理的功能外，还应简单叙述一下中国木结构的框架技术的科学性，它在抗震上的功能也是值得我们进行研究的课题。日本学者在近世发表论文，特别提出斜撑及榫卯抗震作用，他们提出："斜撑能增加水平抵抗效果，柱梁等木构架，主要构件榫卯和连接，向来只用插榫的方法，对地震来说是相当危险的……在这些部分用金属铁片来加固，是非常有效的。"通过日本人介绍他们的建筑发现过去直插榫的弱点。在我国，在这样理论上很早已经实践，先以柱子为例，有侧脚升起之技术。所谓侧脚，即建筑物的柱子不垂直于地面，略向中心倾斜，从立面看形成一个稳定梯形结构，避免平行四边形的易变性，使整体结构强度大为增加。

古建筑中梯形框架结构，在建筑稳定性及抗震中亦起很大作用，如立柱与地面完全垂直则整个框架是一个易变的长方体，若柱不与地面完全垂直；略向中心倾斜，则整个框架呈梯台形，这样处理的结构，从几何学上看，则呈不变图形。这样地震横波到来时，框架不易变形呈现抗震效果。综观上述理论，从地基到梯台框架以及斗拱结构等的综合效果，才出现数百年以至千年以上的建筑，经过强烈地震而不倒，是有古建筑本身在工艺技术上科学道理。有的在柱础上使用管脚榫，是将柱础凿一小浅洞，木柱下部出一榫插入，因名管脚榫。有的用套柱础，套柱础是将木柱套在一石阑内，类似牌楼的夹杆石，下垫一厚石板，均是加强柱脚的稳定性。至于所提使用斜撑，可以举唐、宋以来建筑上所使用的义手为例，如义手斜撑脚立于平梁之上，其上部撑在脊槫之下，现在在我国陕、甘等地区民间住房也多采用类似此种手法。这种结构能加强水平抗震的效果。日本学者说用斜撑是抗震能力结构，在中国建筑结构中是习惯的使用。在无论斜撑或垂直木结构，还有一个重要的技术即榫卯的工艺。日本人说使用直插容易拉出，要加铁片加固接头的连接部位，这种使用铁活的工艺技术，在我国两木用铁活连接的方法，现在也还能看到实例，十七八世纪以后更普遍使用。在中国古建筑梁架交接中，有多种不易一遇地震即易拔出弱点的榫子，如银锭榫，其形⌶，腰窄，卡在两木交接处，还有螳螂榫如螳螂之腹，在河北蓟县千年的古建筑与唐山相距百里，经过一九七六年唐山大地震而岿然不动，除去地基坚固之外，木架斜撑榫卯也起到重要作用。以榫卯而言，独乐寺的榫卯即使用螳螂式，有极大的抗拉强度。大型建筑有出檐深远的斗拱，则是具有吸收地震震动能量的功能。我们可以这样解释，从斗拱每个构件来说，可以看成为刚体，而由这些构件所组成的整体结构，由于各个结构件的连接，能产生部分松动，因而对整体来讲又具有一定的柔性，这样，振动能量在传播过程中被吸收产生较大的衰减，因而减低了地震的破坏作用，日本学者在这方面曾以塔的结构部分，提出下面的理论：

塔的结构部分；在梁、柱结合部和榫卯、斗拱部分能吸收振动能量，因此衰减大。

这个理论也能说明蓟县独乐寺那样相当柱身一半的高大深远斗拱结构，对抗震起了很大的作用。

国内有的学者认为榫卯连接的木质斗拱，由于构件间要产生部分松动，因而对整体结构产生不利影响是一大缺点。这话也是对的。但我认为对于一个事物的优、缺点的估价，是在某特定条件下考查的结果，因而在不同条件下，缺点也能变成优点。以斗拱而论，当在地震发生瞬间的动态条件下，考查斗拱部松动缺点时，就会发现恰恰是这个缺点反而使震动能量，在斗拱结构中，传播过程时发生较大的衰减，产生了一定的抗震效果，这又是斗拱结构的一大优点，即斗拱能吸收振动能量功能的体现，从理论上讲是对斗拱结构功能全面估价，也是符合辩证唯物观点的。

我国古建筑艺术表现形式，常常是源于工艺结构，二者本是统一的。随着时间的推移，两者之间逐渐分离，以至有时只注意艺术形式，而忽略了甚至有人否定了它的工艺技术的内容。例如紫禁城的城门排列九行铜门钉，上贴金叶，门身满涂银朱油，既显得辉煌绚丽，庄严肃穆，高大的门板又不呆板。从表面上看这样做，金叶门钉应是装饰艺术，其实是工艺技术与艺术的统一表现，那些门钉是为了加强门的结构强度而设，通过工艺技术美化了。请看紫禁城门前后结构形式，正面有门钉九行，是钉固背面横设木楅加固手段，因此门钉是大门的构件之一。这种做法，不仅表现在皇宫里，在北方民间的大门，也是这样，皇宫的门加强了帝王尊严的阶级性，同时加强了它的艺术性。中国建筑在砖、石、瓦构件方面同样如此，不一一举例。

一定的建筑艺术形式，也是通过一定的工艺技术才能表现出来。因而只研究建筑艺术特点，而不研究相应的工艺技术，研究成果将是不全面的；而对建筑艺术特点的认识，也不能达到深入程度。

通过上述工艺技术事例，可启发我们对古建筑史研究扩大领域的必要性。回顾一下历史，过去我们国家在某些自然科学方面，不少科学家在理论上，并不比其他先进国家的科学工作者落后多少，如电子计算机和有关宇宙方面的知识，但在工艺上则没有达到与理论相应的水平。令人欣喜地看到，在全国解放后，我们科学工作者，人民解放军以及有关的科学家，已能制造人造卫星、火箭、导弹等，在科学技术上的成就，取得多么惊人的成绩，所用的时间，比欧美工业先进国家少，这充分说明在重视理论同时对工艺亦得到应有的重视。过去外国人只说我们国家地大物博，这句话有时使人听到高兴，疆域广大、地下宝藏多，确实是我们民族的骄傲。但结合当时我们国家的国际地位，联系他们说话的含义，有获取我国宝贵资源的企图以及轻视我国劳动人民智慧的恶意。记得在二十世纪初期，外国人通过摄影和印刷技术，印行我国古代建筑图录时，听说他们有过这样蔑视我们的话："中国人对本国建筑文化无本领理解研究。"自从伟大的中国共产党建立新中国以后，领导我国勤劳智慧的人民利用祖国地大物博的资源，结合洋为中用的实践，在科学技术方面取得了很大的成绩。现在我们提倡向四个现代化进军，我们社会主义现代化的宏伟目标即将实现。我们建筑史研究工作者，要大步向前，将我国建筑的科学成就发扬光大。我们要研究的领域广阔，在古为今用，洋为中用的结合下，在四个现代化中贡献应有的力量。鄙俚之见，愿同同志们商榷。关于研究古建工艺技术问题，多年来本人一直在提倡，确如有的同道所指出这种研究课题，不属于建筑史范畴，而是施工技术史，但我总觉得古建工艺技术也应纳入历史研究之内，近年以来已为不少同道所赞同。一九七七年中国科学院自然科学史研究所编辑《中国建筑技术史》，是一件令人兴奋的事，本人承委任为顾问，更感到光荣。现在将过去经常向同道们所阐述者，借年会的机会将平时讲话整理出来，嘤鸣求友，是所夙愿，野狐禅之诮，所不敢辞。

（本文是中国建筑学会建筑历史学术委员会一九七九年度年会上的发言，文中所引用的日本学说，均采用上海同济大学译日本《地震和建筑》）

（选自《建筑历史与理论》第一辑）